科学家带我去探索丛书

拯救朱鹮

ZHENGJIU ZHUHUAN

——鸟类学家带我去探索

李雪 等著

U0343596

人民教育出版社
PEOPLE'S EDUCATION PRESS

图书在版编目（CIP）数据

拯救朱鹮：鸟类学家带我去探索 / 李雪等著 . — 北京：人民教育出版社，2010
（科学家带我去探索丛书）（2018.6 重印）
ISBN 978-7-107-23173-5

Ⅰ.① 拯⋯ Ⅱ.① 李⋯ Ⅲ.① 朱鹮—保护—科学探索 Ⅳ.① S863

中国版本图书馆 CIP 数据核字（2010）第 200744 号

科学家带我去探索丛书　拯救朱鹮——鸟类学家带我去探索

出版发行　人民教育出版社
　　　　　（北京市海淀区中关村南大街 17 号院 1 号楼　邮编：100081）
网　　址　http://www.pep.com.cn
经　　销　全国新华书店
印　　刷　北京盛通印刷股份有限公司
版　　次　2011 年 3 月第 1 版
印　　次　2018 年 6 月第 4 次印刷
开　　本　787 毫米 ×1 092 毫米　1/16
印　　张　7.5
字　　数　116 千字
印　　数　9 001~14 000 册
定　　价　23.40 元

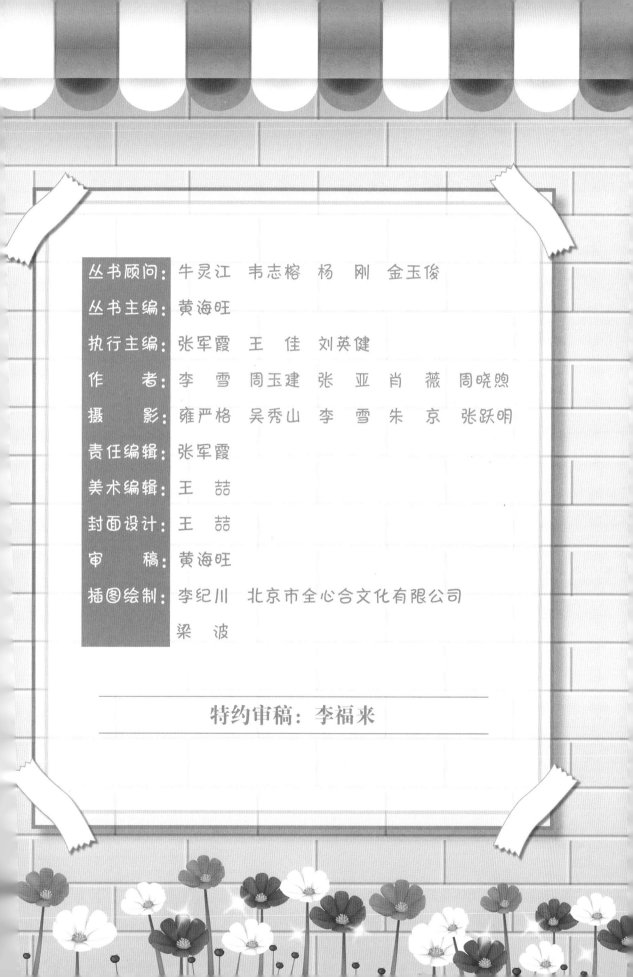

丛书顾问：牛灵江　韦志榕　杨　刚　金玉俊

丛书主编：黄海旺

执行主编：张军霞　王　佳　刘英健

作　者：李　雪　周玉建　张　亚　肖　薇　周晓煦

摄　影：雍严格　吴秀山　李　雪　朱　京　张跃明

责任编辑：张军霞

美术编辑：王　喆

封面设计：王　喆

审　稿：黄海旺

插图绘制：李纪川　北京市全心合文化有限公司
　　　　　梁　波

特约审稿：李福来

序 言

《全民科学素质行动计划纲要(2006—2010—2020年)》展现了我国提高全民科学素质的宏伟蓝图和坚强决心。纲要中指出，公民的基本科学素质包括："了解必要的科学技术知识，掌握基本的科学方法，树立科学思想，崇尚科学精神，并具有一定的应用它们处理实际问题、参与公共事务的能力。"《科学家带我去探索丛书》涉及生命科学、物质科学、地球与空间科学三大科学领域的内容。在这套丛书中，每一册书有一个具体的研究主题，叙述了一位或一组在某一科学研究领域内有成就的科学家围绕研究任务展开的科学考察或科学研究活动，揭示了一个科学问题的真实探究过程。书中以事件发生的先后顺序为线索，依次介绍科学考察或科学研究活动的科学设想、前期准备、考察或研究过程、分析方法、研究成果等，使读者了解科学研究选题是如何提出的、科学家怎样做准备、在考察/研究中如何做记录、怎样分析资料形成研究成果。

本丛书首次全部从中国现代科学家中取材，特别是选择一批有成就的中青年科学家，使读者能够看到我们身边的、活生生的科学家与科学团队。本套丛书一方面使读者能够理解，在现代中国，科学研究是一个通过努力人人都可以从事的职业；同时，也向公众展现了积极进取、勇于奉献、以苦为乐的现代中国科学家形象。读者从中认识到科学并不神秘，科学探究是每个人都可以做的，从而使读者理解科学的本质。

在每本书中虚拟了两名学生，从学生的视角展开叙述，让读者从一个特定的视角去观察、体验。比如，书中的这些学生通过参加科学夏令营活动，对一位科学家或一个科学工作小组的研究工作产生了浓厚的兴趣，之后跟随科学家进行科学探究活动。在探究过程中不断产生疑问并努力解决问题，遇到困难并勇敢地战胜困难。这样，使科学考察或研究方法、科学知识更加通俗易懂。

书中呈现大量真实而有价值的照片和图解说明，其中包含丰富的信息，如科学研究方法、科学仪器的使用、拓展的科学知识等等，也使读者既如临其境，又便于理解。每册书最后有科学家寄语。科学家或研究小组借助寄语表达他们对青少年读者的期望与鼓励。

本套丛书可以配合学校科学课程，成为科学教学中有极大参考价值的课程资源。这一特点体现为：

●丛书的内容选自三个科学领域，这与我国现行的科学课程标准相对应；

●丛书以科学家进行探究的过程为线索，具有探究性，符合现行科学课程标准强调的探究式学习理念；

●丛书展现了科学研究是一项需要与人合作、需要多方支持的事业。有利于学生理解现行科学课程标准中所倡导的合作学习的理念。

相信青少年读者通过阅读本套丛书，能够受到科学的熏陶，产生对科学研究的兴趣，甚至产生从事科学研究的美好理想。

中国科协科普资源共建共享办公室主任
中国青少年科技辅导员协会常务副理事长

目 录

人物介绍

李福来爷爷

第一个人工繁殖朱鹮成功的鸟类学家。

雪儿老师

科学俱乐部鸟类学的专业指导教师。

冬 冬

科学俱乐部学生。爱好广泛，酷爱读书、爬山和打篮球。

晓 煦

科学俱乐部学生。性格活泼，梦想将来成为生物学家。

卡通朱鹮

跟我一起读完这本书，你就可以算作是一个朱鹮专家了。

1 科学俱乐部带我们走进鸟类世界

冬冬和晓煦有着共同的爱好——喜欢鸟类。冬冬喜欢鸟，他说鸟是大自然的精灵，打开了人类飞向天空的梦想。晓煦喜欢鸟，她说鸟儿很美，不仅有着艳丽的"服装"、亮丽的歌喉、曼妙的身姿，更有着众多的"智慧"。

两位同学在家里都养了鸟，冬冬养的是画眉鸟，晓煦更喜欢小巧俊秀的金山珍珠鸟。在饲养过程中他们遇到了很多问题，经常在班里争论。共同的兴趣与爱好使他们来到科学俱乐部，报名参加了鸟类研究小组。

1.1 与朱鹮结缘

"你们为什么要研究鸟类呀？"刚来到俱乐部，雪儿老师问。

"我喜欢鸟，我们家就养了画眉。"冬冬说。

"我们家养了金山珍珠鸟，它们可比画眉小巧可爱。"晓煦得意地说。

雪儿老师感到有必要先对同学们进行鸟类知识的科普宣传，便亮出了自己的观点，令两人耳目一新。

人们欣赏鸟类，希望将它们作为宠物饲养、珍爱和观赏。画眉的人工繁殖极其不容易，家养的画眉都来自野外。金山珍珠鸟是人工繁殖的观赏笼鸟。如果我们都养野生鸟，就与现今保护生物多样性、保护动物的理念相悖！怎样才能既很好地保护野生鸟类，又满足养鸟爱好者的兴趣呢？最好的解决方法就是驯化鸟类，驯化出人们喜爱的观赏鸟品种，让养鸟者不到野外捕捉野生鸟类——这也是科学俱乐部活动的宗旨之一。

听了雪儿老师的介绍，晓煦沾沾自喜："我养的是观赏鸟，符合环保的理念！"

"鸟类世界有很多趣闻。既然你们都很喜欢鸟类，我来考考你们：我国最稀有的鸟是哪一种？"

"是丹顶鹤！"

"有一种大白鸟，叫……白鹳，是白鹳！"两位同学争辩着，希望对方认同自己的观点。

雪儿老师表扬同学们的知识面很宽，然后

▲ 长寿的象征——丹顶鹤

鹤形目，鹤科。也叫仙鹤。寿命长达50～60年，人们常把它和松树一起作为长寿的象征。丹顶鹤数量稀少，是我国一级保护动物。

▲ 珍稀涉禽——白鹳

鹳形目、鹳科。又名东方白鹳、老鹳。飞行或步行时举止缓慢，休息时常单足站立。在我国约有2 500～10 000只，是我国一级保护动物。

公布答案："是朱鹮。"

"朱鹮?"

"俱乐部还准备带领同学们与李福来爷爷一起认识朱鹮,研究朱鹮。"

"研究朱鹮?要是研究画眉就好了。"冬冬还惦记他的画眉呢。"我也可以饲养朱鹮吗?"

"我们要研究的朱鹮由于数量非常稀少,目前还不能将它们作为观赏

我可不是全身红色哟。

鸟饲养。李爷爷他们希望通过科学研究,了解朱鹮的生活习性,创造适宜它们生活的环境,以增加种群数量,恢复野生种群。"雪儿老师解释说。

"李爷爷是做什么的?"晓煦问道。

雪儿老师介绍了李福来爷爷。李爷爷从小就喜欢鸟,1961年大学毕业以后,来到北京动物园工作,一直致力于鸟类的饲养和繁殖研究。他曾研究过鹤鸵、雉类、鹮类等许多濒危鸟类,取得了很大的成就。特别是他领导的研究小组首次人工孵化朱鹮成功,为世界野生动物保护事业作出了重大贡献,1988年、1989年两次获得国家科技进步二等奖。

▲ **东方宝石——朱鹮**

鹳形目、鹮科。是世界上最稀有的鸟类之一。1981年在我国重新发现时只有7只,属国家一类保护动物。朱鹮全身羽毛白色,羽轴桃红色,飞翔姿态优雅,被誉为"东方宝石"。据记载,鹮类起源于6 000万年前。

1.2 到动物园去认鸟

雪儿老师说，要研究鸟，首先要认识它们，这需要观察鸟的外观，熟悉鸟的鸣声。由于鸟比较警觉，研究时，还要在不打扰它们的情况下观察。学会观察可是研究鸟所需要的一项重要本领呀！

听说要观察鸟，冬冬和晓煦可激动了。

雪儿老师笑了："野外观鸟前我们先要进行实习。动物园是最好的观察地点了，我先带你们到那里看看！"

一听说是去动物园，同学们的兴致有些减弱。因为动物园是他们经常光顾的地方，不如野外刺激。

雪儿老师自信地说："跟我去动物园，光是了解鸟就可以在园内足足呆上一天，保证你们会兴致勃勃地跟着我转！"雪儿老师又神秘地说："到动物园我们还可以见到李爷爷。"

"李爷爷？太好了，我们还可以看到朱鹮吧？"冬冬雀跃起来。

"这次我们的任务主要是认识各种鸟，要看朱鹮可要等你们对鸟类有更多了解以后了。"

"啊？！"两位同学有些失望。

知识链接

到哪里观鸟

观鸟爱好者可以结伴到大自然中，比如山林、原野、海滨、湖沼、草地等环境中，在不影响鸟类正常活动的前提下，欣赏鸟的自然美，观察它们的外形姿态、取食方式、食物构成、繁殖行为、迁徙特点和所栖息的环境，了解鸟类与自然环境的关系，以及人类与鸟类的关系。

理想的观鸟地点是山地与水域接近的地方，便于同时观赏到两种生态环境中的鸟类。当然，选择山林、原野、海滨、草地等单一生态环境也能观赏到不同的鸟类。

鸟是人类的朋友……

动物园是人们饲养和观赏野生动物的主要场所，是普及动物知识，宣传保护野生动物和进行动物学研究的基地，也是研究野生动物的生活规律、饲养繁殖、所需营养和动物医疗保健等工作的基地。动物园里有许多经验丰富的科研人员、兽医和饲养人员。

来到动物园，同学们想先去见见李爷爷。

清瘦的外表、睿智的眼神，第一次见到这位年逾古稀的老人时，同学们就感受到了他的慈祥可亲和严谨的风范。在同学们的请求下，李爷爷欣然带着大家在动物园中认识各种鸟类。以前来动物园都是走马观花，这次在李爷爷的指导下，同学们不仅看到了鸟类的大千世界，更有机会了解许多鸟类趣闻。

▶ 自造"牢房"的犀鸟

佛法僧目，犀鸟科。因其嘴形似犀牛角而得名。它的叫声也很特别，如同驴叫。繁殖时以树洞为家，雌雄鸟通力合作将树洞封闭，只留可供雌鸟嘴伸出的小洞，待小鸟长大后才将洞打开。

◀ 长角的鸡——角雉

鸡形目，雉科。雄性发情求偶时，头部羽冠两侧伸出角状的突起，喉部下面展开艳丽夺目的肉垂。国家一级保护动物。

▲ 飞越喜马拉雅山的天鹅

　　雁形目，鸭科。羽毛洁白如玉，不仅飞得快，而且飞得高，有飞越著名的喜马拉雅山的记录，因此常常被我国诗人视为志向高洁的象征。

▶▶ 会发出笑声的鸟——笑翠鸟

　　佛法僧目，翠鸟科。它们生活在澳洲东部的森林中。笑翠鸟能发出像人一样哈哈大笑的声音，而且笑声很特别，似乎在嘲笑和讽刺。

◀ 性情孤僻的鹤鸵

　　鹤鸵目，鹤鸵科。生活在澳洲、新几内亚和附近岛屿的热带雨林中，喜欢单独生活。以果实为食。内趾具一锐爪，可致同类甚至人类于死命。

▶ 鸟中冠军——非洲鸵鸟

　　鸵鸟目，鸵鸟科。拥有鸟类中四个世界之最：体型最大、跑得最快、产的卵最大、脚趾数最少——只有两个脚趾。

1.3 野外观鸟

有了动物园中认识鸟的经历，大家开始准备到野外观鸟。

"你们知道到野外观鸟需要准备哪些物品吗？"雪儿老师提出了问题。

"望远镜！"冬冬肯定地说。

"望远镜是必备的了。此外，我们还要带上鸟类图鉴、笔记本，这样好确定鸟的种类，做好记录。如果有条件，还可以带上指南针、海拔仪和具有远摄功能的照相机。还要带上药箱呢！"雪儿老师很专业。

"会有蛇吗？我可怕蛇！"晓煦有些担心。

雪儿老师安慰道："提前做好防范工作，就会安全的。"

野外的环境比较复杂，选择理想的观鸟地点很重要。在观鸟前要做好预查工作，先了解那一地区的环境情况、地势情况和鸟的种类组成。考察观鸟地点的不安全因素，避免蛇虫咬伤。

> 野外观鸟，需要做的准备还不少呢！

1. 思想上要加强安全意识，不追蛇打鸟；
2. 衣着要得体。外出穿长衣长裤，颜色与环境尽量保持一致；
3. 要带足饮用水；
4. 提前设计观鸟记录卡。观鸟记录卡应根据观鸟区域内鸟类分布情况和观鸟路线而设计。

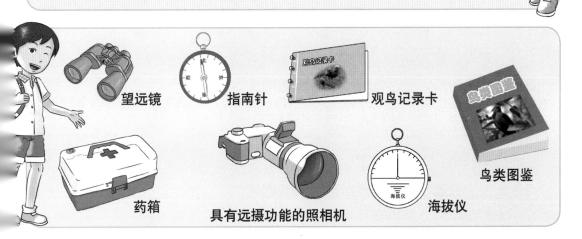

望远镜　　指南针　　观鸟记录卡　　鸟类图鉴

药箱　　具有远摄功能的照相机　　海拔仪

观鸟记录卡

日期：_____ 时　　间：_____ 天　　气：_____
地点：_____ 自然环境：_____ 参加人员：_____

鸟类名称	数　量	备　注

知识链接

怎样记录鸟的数量

　　沿着观鸟路线记录观察到的鸟的数量时，只能记录从前向后飞的鸟，不能记录从后向前飞的鸟。这样做是为了尽量避免重复记录鸟的数量。

　　实地观鸟，投入到大自然的怀抱真令人兴奋！

　　在野外走了很长的路，还没有见到鸟。"我们怎么没看到鸟呀？怎样才能找到隐藏的鸟呢？"晓煦感到很奇怪。

　　雪儿老师提醒大家，大多数鸟类都比较羞怯、隐秘，它们常常在人们出现的时候已经消失得无影无踪了。如何寻找鸟类，是一个观鸟初学者面临的问题。有经验的观鸟者，可以从树枝的轻微摇动、湖面的涟漪波纹、鸟的鸣唱等线索找到鸟的位置，无论什么线索都需要观察者有足够的耐心和细心。

　　沿着设定好的路线，大家继续细心地观察、静静地聆听，搜寻飞鸟和隐藏在枝头的鸟，也尽情地享受着自然的美。

　　走到邻近水边的小道上，忽然，冬冬听到了一阵声响，用手示意大家别出声。雪儿老师仔细一听，像是很小的鸟发出的声音，在东北方向。大家静静地聆听，生怕吓走了它。果然，在一棵树的树梢上隐约有一只鸟在四处张望。大家举起望远镜激动地观察起来。

　　大约过了几分钟，它飞走了。

"像是翠鸟！"晓煦说。

"应该是翠鸟！"冬冬认同晓煦的观点。

"你们能肯定是翠鸟吗？"雪儿老师问。

"查一查鸟类图鉴。"冬冬和晓煦恍然大悟地说。

"是的！老师您看这张图！确实是翠鸟。"晓煦举起图鉴激动不已。

▲ 土穴营巢——翠鸟

佛法僧目，翠鸟科。嘴直而尖长，上体呈金属般翠蓝色，下体栗棕色。观察翠鸟一般是在有水的环境周围，静静地听鸣叫声，而后轻声慢步地接近，在树杈间用望远镜找到目标。

"通过观鸟活动，你们有什么感想？"观鸟归来的路上，雪儿老师问道。

"很兴奋！"

"好像发现了新大陆！"

"是啊！这是视觉、听觉的享受和锻炼。赏鸟可以让我们细微地观察环境，磨练我们的耐性，锻炼正确的判断力；还能愉悦我们的身心，养成与自然协调的适应能力。这样的观察还会给我们带来从未有过的感动。比如，认识新种、发现新纪录的兴奋。正是因为这样，观鸟爱好者常常开辟新的观鸟区，给自己创造新的挑战。"雪儿老师说。

"出了这片观鸟区，我们一起编制赏鸟图。"雪儿老师接着说。

"什么是赏鸟图？"

什么是赏鸟图？

"赏鸟图是根据观鸟地点的地形、地势画出的平面图。上面标出哪些地区有哪些鸟类，注明观鸟的最佳路线、观鸟时机、应准备的工具和注意事项，可为赏鸟者提供参考。"

"原来这就是赏鸟图呀！"

"是呀，以前看过这样的图，还不知道是干什么用的呢，今天才知道。"

"没想到，我们自己也可以绘制赏鸟图，好高兴！"晓煦自豪地说，"没准儿我们的图还可以为别人提供帮助呢！"

冬冬和晓煦一起动手制作了一张赏鸟图，送给了观鸟区的园林工作人员。工作人员夸奖他们："你们的赏鸟图丰富了我们的观鸟知识。"看到自己的成果为他人赞许，同学们的责任感油然而生，一起会心地笑了。

我们的赏鸟图

2 为什么要研究朱鹮

2.1 濒危动物红皮书

　　今天是俱乐部活动的日子。冬冬和晓煦可兴奋呢，一大早就到俱乐部报到了，没想到雪儿老师比他们来得更早。

　　一见到雪儿老师，他们就迫不及待地问："老师，今天咱们到哪儿去观鸟啊？"

　　"别急，"雪儿老师笑了，"咱们先来看一本红皮书。"

　　"红皮书？"冬冬用手挠挠脑袋，"我只听说过白皮书。红皮书是什么？"

　　雪儿老师从书桌上拿起一本红色封面的书，说："这就是红皮书，是专门用来向全世界发布濒危物种名录的书。咱们今天就要从这本书讲起。"

　　"你们知道在地球上有多少种生物吗？"雪儿老师有意考考两位学生。

　　"有两百多万种。"晓煦胸有成竹地回答。参加了俱乐部的活动之后，她可是看了不少生物学方面的书。

　　雪儿老师赞许地说："对啦！千姿百态的生物，以各自的方式在这个星球上生息繁

中国濒危动物红皮书

衍着。但这些物种是在不断变化的，当地球环境发生剧烈变化时，总会有一些物种消亡，同时也伴随着新物种的产生。"

　　"每天都有物种的消亡和新物种的产生吗？是已有物种消失得快还是新生物种产生得快呢？"

雪儿老师说："世界上的生物物种正在以每天几十种的速度消失，生物多样性遭遇着空前的危机。多数生物学家认为，地球正进入第六次物种大灭绝时期。这次大灭绝是以岛屿型物种、大型哺乳动物和鸟类的灭绝为标志的，而'引爆'这次灭绝的罪魁祸首正是人类！2004年，国际自然保护联盟发布消息，有7 266种野生动物的生存受到威胁。特别是人们以前没有过多关注的两栖动物，其濒危程度大大超出了人们的预料。"

看到两位同学脸上的表情越来越严肃，雪儿老师解释着：从进化的角度看，物种灭绝本是自然规律。在单纯的自然状态下，新物种的进化大都快于现存物种的消亡，从而丰富着地球上的生物多样性。但是目前地球上生物物种灭绝的速度比单纯自然状态下的灭绝速度高100～1 000倍。而新物种的产生需要很长的时间和大量的空间。目前不受人类干扰的自然环境已越来越少，严重失去了自然进化的环境和条件，新的物种就难以产生了。人类已经意识到了自己的活动给其他物种带来的威胁，而且这种威胁最终将转化为对人类自身的威胁。于是在1948年，全世界成立了最大的自然保护团体——国际自然及自然资源保护联盟，英文的全称是International Union for Conservation of Nature and Natural Resource，简称IUCN。

雪儿老师让两位同学读红皮书的前言。前言中介绍，就是这个IUCN组织，于1966年首先出版了《哺乳动物红皮书》，继而出版的有鸟类、两

知识链接

曾出现过的五次物种大灭绝

第一次：大约4.4亿年前的寒武纪末期，大约有85％的物种灭绝了，包括许多三叶虫在内。

第二次：3.5亿年前，动物界大约有30％的科消失了，包括无颌鱼类、盾皮鱼类。

第三次：2.5亿年前的二叠纪末，动物界大约40％的科消亡了，95％以上的海洋物种灭绝了。那些死去的树林残体形成了现代的煤田。

第四次：发生在1.85亿年前，动物界大约35％的科消失了，包括80％的爬行动物。

第五次：6 500万年前白垩纪时期，是生物多样性演化史中最富于传奇色彩的一幕，许多海洋生物灭亡，统治地球近两亿年的爬行动物——恐龙遭到了灭顶之灾。

栖类和爬行类、鱼类、植物、无脊椎动物等几册书。其后，又出版所有濒危动物的《红色名录》。不少国家也相应出版了本国的红皮书。IUCN根据物种受威胁的不同程度分成9个等级：绝灭、野外绝灭、极危、濒危、易危、近危、无危、数据缺乏、未予评估。IUCN的这个等级标准，得到了国际社会的广泛承认。

"朱鹮呢？"冬冬焦急地问："朱鹮是不是属于濒危物种？"

晓煦敲了一下冬冬，说："当然啦，所以我们才要研究嘛。"

"是的。"雪儿老师翻开书指给他们看，"朱鹮属于濒危物种。"

知识链接

物种濒危等级的简单认定

对濒危和易危等级的评估认定，可从以下几方面的标准进行：种群减小；分布区小、衰退或波动；种群小并在衰退；种群非常小或分布范围有限；定量化分析。

一般来说，通过种群成熟个体的数量可以进行简单快速的认定：

极危：种群成熟个体少于50。
濒危：种群成熟个体少于250。
易危：种群成熟个体少于1 000。

白暨豚
朱鹮
华南虎
扬子鳄
极危物种

金丝猴
大熊猫
独角犀
长臂猿
野双峰骆驼
东北虎
濒危物种

金雕
野驴
白鹤
亚洲象
云豹
丹顶鹤
藏羚羊
野马
易危物种

2.2 朱鹮从壮大走向濒危

鸟类能吃掉很多虫子，能为植物传播种子，在保护生态平衡中起着重要作用。鸟类为人类带来的益处是无法估量的。但是，人类的生产生活却有意无意地给鸟类造成了不同程度的影响。有人统计过，在17～20世纪这短暂的三百年间，有75种鸟灭绝了。20世纪以来，鸟类灭绝速度仍在加快，每年会有一种鸟从我们的视线中消失。

"这多可怕呀！"

"确实可怕。"雪儿老师脸色凝重，"你们知道吗？在我国重新发现朱鹮之前，全世界都认为世界上仅剩下5只朱鹮了！"

"哇噻！只有5只啦？"同学们惊呼起来。

"朱鹮是怎样走到灭绝的边缘的？"同学们在心中打着问号。

雪儿老师看出了他们的心思，启发他们说："我们来查阅一下有关朱鹮的记录吧。"

两位同学坐了下来，认真地查阅着雪儿老师为他们找来的资料。屋子里很安静，只听见同学们翻书发出的轻微的沙沙声和偶尔发出的感叹声。

雪儿老师见他们已经看了不少资料了，便问："人们是从什么时候开始关注朱鹮这个濒危物种的？什么时候开始寻找和保护朱鹮行动的？"

晓煦首先响应："通过我的查阅发现，1979年，朝鲜的最后一只朱鹮离开这个世界。"晓煦指着书上

的文字念道："朱鹮在朝鲜的灭绝引发了人们的悲伤，人们在民谣中叹息：依稀可见，仿佛可见，但又看不见的鸟。Taoki，Taoki，叫得那么悲切凄凉，你要去哪里？去见母亲吗？在那太阳升起的地方。"

"1981年，在苏联的哈桑湖，当地科研人员寻找朱鹮未果，宣布朱鹮的绝迹。"冬冬也很动情地读着书上的记载。

雪儿老师也给两位同学读了一份资料："在日本，从明治时代以后，朱鹮的数量就急剧下降。1930年，有近40只朱鹮分布于佐渡岛和能登半岛等地。但由于战争中森林强遭采伐，1953年，朱鹮仅剩31只。1961年，朱鹮仅有10只。到1977年，朱鹮仅剩8只。

日本的朱鹮灭绝得真快呀！

2003年	0只
1981年	5只
1977年	8只
1961年	10只
1953年	31只
1930年	近40只

1981年，日本将仅有的5只朱鹮集中笼养在佐渡岛上，将它们置于人工饲喂的半野生状态，希望能够通过人类的努力恢复朱鹮的数量，至此日本的野生朱鹮宣告绝迹。"

话刚说到一半，冬冬抢着说："不就是饲养动物吗？人类能力强，一定会有结果的！"

雪儿老师听后感慨地摇了摇头说："由于朱鹮数量少得可怜，加上近亲交配，繁殖力下降，日本的朱鹮一直未产下后代，物种已经处于岌岌可危的状态。"

同学们的表情严肃起来。

"全世界的焦点都集中在了中国。"雪儿老师接着介绍。在我国，1930年，朱鹮曾见于14个省份，广泛分布于我国的东北、华北、西北、华东等地区。根据史料记载，数百年前，陕西北部气候温暖潮湿、森林茂密，关中平原古木参天、河谷纵横，秦巴山区人烟稀少、林木茂密，大河小溪鱼虾丰富，是朱鹮繁衍子孙的天然乐园。而到1958年时，就只有甘肃、陕西、江苏等省才能找到朱鹮。1964年，在甘肃捕到一只朱鹮后，朱鹮在神州大地一度失去了踪影。

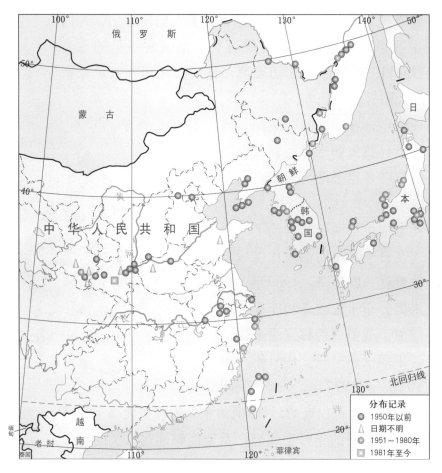

朱鹮的历史分布图

> 朱鹮濒临灭绝的很多原因都是人类造成的！

　　"这是朱鹮的悲哀，更是人类的悲哀，人类真应该好好反省自己！"谈到朱鹮在我国的情形，雪儿老师有些激动。"我们现在来总结一下朱鹮濒临灭绝的原因吧。你们先说说。"

　　冬冬说："是战争，还有乱砍滥伐。"

　　"环境污染，还有人类的捕杀。"晓煦补充道。

　　雪儿老师总结说："你们说得都对。朱鹮灭绝的原因，包括人口的密集膨胀、战争的毁灭、森林的乱砍滥伐、栖息地的日渐消失、自然生态环境的破坏、污染的加大以及人为的狩猎，等等。终于，人类的行为使得朱鹮从一种广泛分布的平凡鸟类成为了举世闻名的珍稀物种。"

2.3 朱鹮的重新发现

一天，冬冬、晓煦与雪儿老师一起坐车去图书馆，希望通过文献研究了解朱鹮的重新发现过程。

在车上，雪儿老师说："昨天我上网查找资料，看到了一则关于朱鹮的传说。"

一听"传说"，两位同学来了精神，"什么传说呀？老师您快点给我们讲讲。"

"你们知道朱鹮的'鹮'字是怎么写的吗？"

"当然知道啦！左边上面是四字，下面是哀字，右边是鸟字。"两人异口同声地回答。

知识链接

文献研究法

文献一般是指已发表过的或虽未发表但已被整理、报导过的那些记录知识的一切载体。"一切载体"不仅包括图书、期刊、学位论文、科学报告、档案等常见的纸质印刷品，也包括有实物形态在内的各种材料。

文献研究法是对文献进行查阅、分析、整理并力图找寻事物本质属性的一种研究方法。

"所以呀，有些迷信的人就说：'朱鹮的'鹮'字是由'四、哀、鸟'三个字组成的，从字面看就像是一种要绝迹的鸟，因为'死哀之鸟'怎能不绝呢？"

"真是瞎说！"同学们很气愤。

雪儿老师接着说："是啊！中国的动物学家不相信朱鹮真的灭绝了，他们决心在中国找到朱鹮的踪迹。"

图书馆的大量藏书为同学们提供了便利条件，同学们一口气翻阅了包括科考队员刘荫增教授等写的发现朱鹮的十几本书籍，在书中他们找到了答案。

从1978年开始，国务院向中科院动物研究所下达了寻找和研究朱鹮的任务。在中国科学院院士郑作新教授领导下组成了专题组，刘荫增教授勇敢地承担了寻找朱鹮的任务。

专题组在调查前，进行了大量的文献检索，对中国国内现存的朱鹮标本进行了调研，查阅了国内外有关朱鹮的各方面资料。他们设计出了具体的朱鹮考察路线，在国内先后进行了三次考察。

1978年冬季，他们沿着河北、山东、安徽、江苏、浙江、江西、湖北一线的山区和沼泽地带开始了第一次考察，结果未发现朱鹮的踪迹。

1979年的第二次考察，是沿着黄海、渤海湾和雷州半岛、千山山脉进行考察的。但是两年过去了，他们只找到了一片朱鹮的羽毛。通过这次考察，他们发现了朱鹮濒临灭绝的主要原因：人类大量使用农药、化肥造成水田污染，使得水田的水生生物减少，朱鹮食物匮乏，难以生存。

知识链接

文献检索

文献研究离不开文献检索。

狭义的检索（Retrieval）是指依据一定的方法，从已经组织好的大量有关文献集合中，查找并获取特定的相关文献的过程。

广义的检索包括信息的存储（Storage）和检索（Retrieval）两个过程。信息存储是指工作人员将大量无序的信息集中起来，根据信息源的外表特征和内容特征，经过整理、分类、浓缩、标引等处理，使其系统化、有序化，并按一定的技术要求建成一个具有检索功能的工具或检索系统，供人们检索和利用。而检索是指运用编制好的检索工具或检索系统，查找出满足要求的特定信息。

两年的徒劳无功让专题组成员们觉得找到朱鹮的希望已经十分渺茫。但是，他们仍然在坚持，不言放弃，为了达到目标做着最大的努力。

1980年，专题组调整了考察方案，移师甘肃、四川东部和大巴山、秦岭一线，以这些地方的湖泊、江河和湿地为主，展开了第三次艰难的搜索。最后，他们也只在甘肃徽县一个猎户的家里找到了三根朱鹮的羽毛。

"看了这么多资料，你们有什么感想，一起交流交流吧。"雪儿老师招呼两位同学。

"专题组的叔叔、阿姨真是太辛苦了！"晓煦感叹道。

雪儿老师动情地说："科学考察都是非常辛苦的。我国的科研工作者在全国范围内调查寻找濒于灭绝的朱鹮，他们走遍了江苏、浙江、河北、河南、陕西、甘肃等九个省，就像大海捞针一样地搜索朱鹮的踪迹。"

"为什么就在这九个省份？为什么不去那些环境幽静的高原地区，像西藏那些地方呢？"冬冬有些不解地问。

"动物学家们是根据朱鹮的历史分布区域确定寻找路线的，尤其是原来分布朱鹮数量很多的、几个可能性最大的地区。这些地区要重点考察，而且要重复考察。陕西秦岭就是其中之一。这一带地势偏僻且人烟稀少，自然环境没有受到过多的破坏，找到它们还有最后的一线希望。为了找到朱鹮，他们还广泛发动了当地的群众。"

冬冬和晓煦从书中了解到科考队员们运用了各种方法，如他们给当地群众放朱鹮的幻灯片、录像，让当地群众看朱鹮标本，希望能够得到一些朱鹮的蛛丝马迹。

1981年5月的一天，专题组第三次来到陕西洋县。他们像往常一样给当地的老乡看幻灯片和录像。放完后，一位老乡走过来跟一位专题组成员说："我们家那儿就有你们刚才让我看的那种大鸟。"一听这话，专题组成员们马上聚拢过来，七嘴八舌地一再追问："真的？真有这种大鸟？""咋不是真的！俺们不知道它就是朱鹮，管它叫'红鹤'。"听到这个消息，简直像是晴天听到一声惊雷，队员们顿时欢呼起来。事不宜迟，队员们顾不上吃饭，马上请这位老乡带路去寻找朱鹮。

老乡的家在一个叫金家河的小山沟，到小山沟的路非常崎岖难走。科考队一行五人背着行囊拄着拐杖坚强地行进在山岭上，他们费尽周折，艰难跋涉，就在走到一个叫马道梁的山背上时，不远处传来奇特的鸣叫声："啊……啊……""快看！"老乡指着天空大声喊道。队员们激动不已地向着叫声传来的方向寻找。但是山太高了，鸟太远了，他们只看到鸟儿的

影子。但可以肯定，这就是他们魂牵梦
绕的朱鹮。

终于，大家在一棵大树上找到了一个鸟
巢。根据多年的经验，他们意识到这个鸟巢是
一种不同寻常的鸟所筑的巢，莫非是朱鹮的巢？
再仔细观察发现，这个好不容易找到的鸟巢竟然
是空的，大家刚刚燃起的一线希望又破灭了。

虽然不太敢肯定，但是大家还是认为朱鹮可能
就在附近。由于当时的科研设备还不够先进，他们采
取了最牢靠的方法——守株待兔，就是在这种鸟可能活
动和觅食的地方守候着，等待着它们的出现。

奇迹发生了！那天大家正在水田边采集昆虫标本，发现前
方一块四周围着灌木的水田中有一只美丽的大鸟正在觅食，距离
队员们只有四五十米。是它，是美丽的朱鹮！刘荫增老师拿起相机，
稳住激动的心跳，双手不住颤抖地按下了快门，记录下这美好的瞬间。第
二天，在八里关乡大店村姚家沟，他们找到了一个近乎完美的朱鹮家庭。
这个家庭中有2只成鸟和3只雏鸟。此次在洋县他们发现的朱鹮数量一共是
7只。

"朱鹮最后的种群仅剩7只，它们能逃脱灭绝的命运吗？"雪儿老师
又向同学们提出了新的问题。

1、2、3……

3 解开朱鹮身世之谜

饲养野生鸟类，要想获得成功，必须以鸟类在自然界的生活习性为基础，濒危鸟类更是如此。

查阅有关朱鹮的历史资料发现，自从1835年荷兰鸟类学家覃明克（Temminck）对采自日本的朱鹮标本进行了研究以来，全世界发表的相关文献有600多篇。内容主要是朱鹮的形态、分类、分布和数量、居留情况、羽色变化、栖息环境等。对朱鹮生活习性、繁殖习性进行系统研究的甚少，饲养繁殖研究几乎是空白。因此，我们研究的第一步就是对我国陕西洋县残存的唯一朱鹮种群进行野外调查。

——《科学家研究札记》摘抄

3.1 不断变化的种名

茫茫的生物大千世界，拥有200多万种成员。怎样才能准确地认识每一种生物，并了解它们的亲缘关系和进化过程呢？这些问题是分类学家们研究的内容。分类学家通过分析生物的形态、细胞结构和胚胎发育等特征将它们进行梳理和归类。

"雪儿老师曾介绍过生物界的7个分类阶元，你还记得吗？"一天，冬冬想为难一下晓煦。

"以我的学习态度，怎么会忘记呢？它们分别是界、门、纲、目、科、属、种。"晓煦找到机会就炫耀自己的

我是动物学小博士！哈哈！

生物的分类单位

生物分类的基本单位是种。凡是同种生物，都一定有相同的形态结构、近似的生长生活特性和大致的经济用途，它们个体之间能够实现繁殖。具有相同的亲缘关系和进化趋势的所有"种"，形成"属"，亲缘关系和进化趋势相近的"属"的集合，成为"科"，以此类推，进一步形成"目""纲""门""界"。为了进一步区分清楚，还增加了亚级，如亚门、亚目、亚科、亚属或变种。

例如：朱鹮在分类学上属于动物界、脊索动物门、脊椎动物亚门、鸟纲、鹳形目、鹮科、朱鹮属。

生物学知识。"有着相同形态结构和近似生长生活特性，个体之间能够实现繁殖的生物集合称为种，每种生物都有一个名字。在生物分类学上，种名可有很大的学问呢！"

"那你知道朱鹮的种名吗？"冬冬就想问倒晓煦。

"这个吗？"晓煦摸了摸了脑袋，"我还真没有研究过。"

"朱鹮种名的确定可经历了一番曲折呢！"雪儿老师听到两人的讨论又布置了一个新的研究任务，"不如你们再查一查文献，了解一些有关朱鹮名称的故事吧。"

晓煦负责到李爷爷那里查找文献资料。她翻阅了所有的有关朱鹮名字内容的书，随时记录下需要的内容，回家后归纳整理出文字报告。而冬冬专门负责通过网络查找资料。他从网上的专业论文中找到了需要的资料，也归纳整理出来。

同学们在两周的时间内完成了课题任务，他们一起来到俱乐部，进行总结汇报。

晓煦先介绍了科学家统一使用的生物命名方法。

每种生物在不同的国家、不同的地区有着不同的地域名字。比如马铃薯，在湖北，人们称它为洋芋；而到了山东，当地人叫它地蛋；在内蒙古它又有了一个更有趣的名字——山药蛋。山药蛋这个名字常常会与另一种蔬菜——山药豆混淆。各国、各地区对同一种生物的称谓千差万别，要想认清一种生物颇费周折。

双命名法

生物的命名用世界上语言文字变化速度较慢的拉丁文表示。每种生物的名称由两个拉丁词组成，第一个词表示这种生物所隶属的属名，一般是个名词；第二个词是种名，以形容词来表示；完整的拉丁学名后面还需要附加这种生物命名人的姓名。有些种名之后，还有种下等级的名称，如变种、亚种。

为了使每一个物种有一个确定的名字，国际上统一采用双命名法。双命名法是瑞典植物学家林奈提出的。

以朱鹮为例：

种　名：*Nipponia nippon*

中文名：朱鹮

英文名：*Crested Ibis*

晓昫刚汇报完朱鹮的命名，冬冬就抢着说："朱鹮的种名换了好几回才定下来呢，经历了将近一百年的时间。这由我来汇报吧。"

晓昫瞪了一眼冬冬，心想这方面自己确实没查多少资料，但也不示弱："今天你可缺少点绅士风度呀。好吧，你来汇报吧！"

对朱鹮种名的探讨是从19世纪开始的，一直就备受鸟类学家的关注。

我叫什么名字呢？

1835年，荷兰科学家、莱顿博物馆馆长覃明克得到了一只朱鹮标本，对朱鹮的形态进行了认真的描述。但由于标本并不完整，他的描述并不全面。覃明克将朱鹮命名为*Ibis nippon*。

1842年，科学家施莱格尔（Schlegel）得到了白色羽毛的朱鹮标本和灰色羽毛的朱鹮标本。他认为白色羽毛的朱鹮是成鸟，灰色羽毛的朱鹮是幼鸟。他将覃明克的描述进行了补充，使人们对朱鹮形态的认识更全面了。

1844年，英国动物学家加里（Gray）曾用*Geronticus nippon*表述朱鹮。1852年，德国学者雷琛巴赫（Reichenbach）设立一个新属——Nipponia，将朱鹮归入其中，改其学名为*Nipponia temminckii*。

1872年，戴维（David）博士在中国浙江得到了朱鹮标本，他听当地人说此鸟羽毛都是淡灰色的，因此David认为此种朱鹮不同于覃明克描述的*Ibis nippon*，一定是一个新种，因此将其命名为*Ibis Sinesnsis*。

一年后，也就是1873年，斯文豪（Swinhoe）掌握了更多的朱鹮信息和资料，对戴维的观点提出了反对意见，认为不同羽色的朱鹮是同一个种，春夏季时，朱鹮身披灰色的繁殖羽，冬季身披白色羽毛。他指出戴维命名的*Ibis Sinesnsis*并非独立的种。

非繁殖羽时朱鹮

1877年，埃利奥特（Eliot）声明同意斯文豪的观点，随后陆续有数位科学家赞同这一观点。二十年后，科学家的观点又有了新的进展。1897年，德迪丢斯（Deditius）根据俄罗斯学者提供的标本，肯定了*Ibis Sinesnsis*和*Ibis nippon*是同一个物种，*Ibis Sinesnsis*是夏季身披灰色繁殖羽的*Ibis nippon*。

到了20世纪，1920年，科学家提出了朱鹮分为灰色型和白色型的见解。此后许多鸟类学家对朱鹮的羽色变化进行了不懈地探讨，我国鸟类学家郑作新（1968年）也发表了朱鹮在不同季节羽毛会有不同颜色的观点。

1922年，日本鸟类学会将朱鹮命名为*Nipponia nippon*，意思是在日本境内最早发现的。这个命名一直沿用到今天。

繁殖羽时朱鹮

白羽朱鹮
Ibis nippon
Geronticus nippon
Nipponia temminckii

灰羽朱鹮
Ibis Sinesnsis

Nipponia nippon

朱鹮种名的变化

3.2 朱鹮俗名趣事

冬冬详细地介绍了朱鹮名字的来龙去脉，雪儿老师表扬了他，这让晓煦有点酸溜溜的。她不服气地说："你只提到了朱鹮种名的变化。其实，朱鹮有很多有趣的俗名。"

"那就请晓煦同学向大家介绍啦。"冬冬绅士般地向晓煦施礼道。

接下来，晓煦就将自己总结的朱鹮俗名的故事向大家娓娓道来。

朱鹮的俗名有很多，不同年代、不同国家、不同地方的叫法都不同。

朱鹮是亚洲东部的特有种。它们曾自由地生活在西伯利亚、朝鲜半岛、日本列岛和中国的大部分地区。每个国家对朱鹮都有着各自的称谓和情结。

鹮是盘旋的意思，中国古人们看到鹮类善于盘旋飞翔而取名"鹮"，曾经有人将朱鹮念为朱鹮（xuán）。朱鹮的羽毛并不是红色的，但是它们的羽轴很有特点，呈桃红色；它们的头和脚也是红色的，所以，在空中飞翔时白里透红。许多国家的人民以它美丽的羽色来称谓它，比如我国民间将朱鹮称为红鹤、朱鹭、红牙，还有红鹅、红鸭。在日本，人们称它为朱鹭、红鹤、赤羽、桃花鸟。俄语中称之为红腿鹮。

在日本，由于朱鹮常常进入稻田中取食，曾有人认为它们会破坏人们栽种的水稻，是令人讨厌的稻田害鸟。它的鸣叫声既不好听也不响亮，有点像乌鸦，叫声粗浊，鼻音很重，因而日本民间给它取名为烂鼻头、唐鸟。这是听其鸣叫而取名的。

朱鹮的羽轴呈桃红色

孔雀雉的羽轴与羽片颜色相同

孔雀的羽轴呈白色

羽冠

羽冠是朱鹮的一个显著特征，在梳理羽毛时，羽冠会展开、闭合。由于朱鹮的羽冠像捆好的熟稻悬挂在头上，因而日本民间对朱鹮有稻负鸟的称谓，还有风头鹮和风头鹳的记载。

"在记载中朱鹮还有一个名字：主水鸟。你能猜出它是根据什么起名的吗？"晓煦不怀好意地朝冬冬笑一笑。

"显而易见，是说它喜欢在水田中生活呗！"

"你没猜中！其实主水是日本的一个地名，广岛的朱鹮是由主水引入的。"

"其他国家也有不同的称谓吗？"冬冬很想知道得更多。

"没有朱鹮分布的国家，由于没有机会见到这种鸟，也就谈不上什么地方称谓了。"晓煦接着介绍。其他国家的学者大多是直呼产地名，如日本朱鹮（*Japan ibis*）、中国朱鹮（*Chinese ibis*）、东方朱鹮（*Eastern ibis*）、朝鲜朱鹮（*Korean ibis*）。这些就是以产地命名的俗名。

朱鹮的俗名多得简直令人眼花缭乱。但是，在英文中常用*Crested Ibis*，中文中常用朱鹮，鸟类学界统一用*Nipponia nippon*。

听了同学们如此详尽的汇报，雪儿老师非常欣喜，表扬了他们认真的态度和对朱鹮研究的执着。"只有保持严谨认真的态度，才能进行科学研究。暑假就要到了，我们就要跟随朱鹮专家李爷爷一起走进朱鹮世界啦！"

"耶——"两人欢呼起来。

一起来猜猜，哪些俗名是属于朱鹮的？

○ 主水鸟　　　○ 白肩鹮
○ 烂鼻头　　　○ 圣鹮
○ 红鹤　　　　○ 白油老鹳子
○ 风头鹮　　　○ 朱鹭
○ 红鹅　　　　○ 朱牙

　　分别到了1986年去过的三个朱鹮营巢区（三岔河、姚家沟、团山河）。在三岔河重点观察繁殖行为。站点至巢区有二里山路，要越过一道小河，每天早晨天亮前出发，到当地农民看庄稼的小棚，支好望远镜，一直观察到天黑才下山。根据当地条件，隔几天系统观察一次。

　　朱鹮巢区基本为次生林，主要是油松、栓皮栎、板栗、漆树、杉木、山杨等，还有灌木和竹林。三岔河巢区海拔约1 150米，在山地溪流旁有一片高大的栓皮栎树林，共38棵，朱鹮在一棵（25号）高约25.4米的树上18.8米处营巢。团山河巢区海拔875米，在一户农家屋后有两棵栓皮栎，一对朱鹮营巢产卵。姚家沟巢区海拔约1 120米，是一块老坟地，有栓皮栎15棵，一对朱鹮孵育后代。

　　　　　　　　　　——《科学家研究札记》摘抄

　　暑假里，李爷爷要去朱鹮的唯一自然种群栖息地——陕西省洋县，准备带同学们一起去。他给了两位同学一些介绍朱鹮生活习性的资料，要求他们临走前读完，并适当做一做笔记。

　　出发这天，两位同学兴高采烈地相互交流着。

　　"我准备了好几天。带了很多好吃的，还有洗漱用具、换洗衣裳、望远镜、书和笔记本、一些药品。"晓煦叽叽喳喳说个没完，"对了，我还带了许多装标本的三角袋，我和妈妈叠了一个晚上呢！"

　　冬冬更有意思："我昨天一夜都在做着梦，恐怕忘带了东西。早晨五点就起来检查，还真差点把望远镜忘了。"

　　只见冬冬和晓煦的爸爸妈妈手里提着大包小

知识链接

捕虫网、三角袋

　　捕虫网和三角袋是研究昆虫常用的工具。捕虫网分为捕网、扫网和水网三种类型，分别用于捕捉空中飞翔的昆虫、灌丛中隐藏的昆虫以及水生昆虫。三角袋是用长方形的光滑纸张叠成，用于存放鳞翅目昆虫。

包、肩上扛着捕虫网，还不时地交流着。

"不知道孩子们能不能吃得了苦？吃的住的也不知道怎么样？"

"希望他们健健康康的，别生病就好。"

同学们终于登上了列车。在车厢中响起了兴奋的交流声：

"这次外出一定很酷！"

"那里的景色肯定很美！"

"多长时间才能到呀？"

……

4.1 朱鹮静谧的栖息地

从洋县到三岔河朱鹮观察站所在的窑坪乡，乘车颠簸了一个多小时。而后大家背上行李，徒步越过了一道岭才到达三岔河朱鹮观察站，大家就在这里安营扎寨。这是一个僻静的小村庄，位于秦岭南坡汉水支流沿岸，处于秦岭中山地带栓皮栎马尾松带的下缘。谷底有常年不断的清澈见底的溪流，平坦地散布着几十亩水田。这里到处是一片静谧悠然的景象。

1984年发现的三岔河巢区

大山的美景让同学们惊讶不已。他们顾不上欣赏美景，也不想休息，嚷嚷着要去看朱鹮。

李爷爷说："考察需要半个月的时间呢，到各考察地都要走山路，条件非常艰苦，要保存体力呀。"

"我们不怕累！"两位同学异口同声。

再次来到朱鹮观察站，李爷爷非常激动，心中惦记着野外的朱鹮，于是欣然答应带他们去一处观察点看一看。一路上，李爷爷问同学们知道多少野外朱鹮的生活习性，两人你一言我一语地说起来。

野外的朱鹮一般生活在温带山地森林和丘陵地带。在它们的食谱中，有鲫鱼、泥鳅、黄鳝等鱼类，蛙、蝌蚪、蝾螈等两栖类，蟹、虾等甲壳类，贝类、田螺、蜗牛等软体动物，蚯蚓等环节动物，蟋蟀、蝼蛄、蝗虫、甲虫、水生昆虫等；有时还吃一些芹菜、稻粒、豆子、草籽、嫩叶等植物性的食物。它们常常在不深的水稻田、河滩、池塘、溪流和沼泽等湿地环境中漫步，寻觅食物。

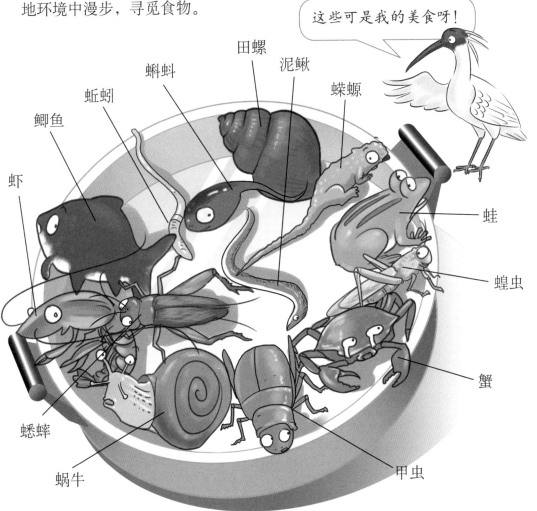

这些可是我的美食呀！

李爷爷介绍说："朱鹮对生活环境要求较高，它们只在高大的树木上栖息和筑巢，附近还要有水田、沼泽可供觅食。朱鹮的性情比较孤僻而沉静，胆怯怕人，所以栖息环境要幽静且天敌较少。"

"我知道，朱鹮一般晚上在大树上过夜，白天到没有施过化肥、农药的稻田、泥地或土地上以及清洁的溪流等环境中去觅食。"晓煦又极力表现起自己来。

"现在是夏天，朱鹮有哪些特点？"李爷爷问。

"它们的羽毛应该是白色的。还有，它们进入了游荡期，取食范围比较宽。"冬冬抢着回答。

"看来，你们临来前的功课做得挺足呀！"李爷爷对着两位同学竖起了大拇指。

知识链接

朱鹮的栖息地

朱鹮一般3岁性成熟。2～6月进入繁殖期。繁殖期一般选择在僻静山区、有水稻田的农家附近的山林大树上筑巢、产卵、孵化。一般产卵1～3枚，高达5枚，但产3枚的情况最为普遍。孵化期25～28天，育雏期为40～45天。繁殖期朱鹮的食物来源主要是水稻田。

7～11月，朱鹮进入游荡期。朱鹮种群会迁移到丘陵平川一带，觅食地较大而分散。朱鹮在游荡区的河流、池塘、水库及其边缘、河流浅滩等沼泽地觅食，偶尔也到有水域分布的周边荒坡及豆科作物的旱地中觅食昆虫类食物。

每年11月至第二年的1月，朱鹮进入越冬期。它们多在邻近巢区的海拔700～1 000米左右的中低山地带活动，到冬水田中觅食。这一时期是野生朱鹮生存能力最弱的时期，对当年繁殖的幼鸟及体况较差的个体来说则更加艰难。

根据朱鹮的生活习性，可将它们的栖息地相应地分为繁殖区、游荡区和越冬区。

冬天对于朱鹮来说真是艰难呀！

大家来到一块水稻田旁，李爷爷说这里就是一处观察点。大家等待了很长时间，终于看到两个长长的、美丽的身影从远处飞来，缓慢而优雅地落下，一会儿又飞起在低空盘旋。

"快看快看！朱鹮在找东西吃呢！"

果然，一只朱鹮正伸长了脖子觅食。只见它伸出那又长又有些弯曲的嘴，不断插入泥土和水中去寻找。那副认真的模样，一点儿也不比同学们用功学习的劲头差。朱鹮红红的嘴尖是那么灵活而敏锐，一发现美味而可口的食物，立即就啄起来吞了下去。两只朱鹮的警惕性很高，胆子也很小，离人远远的。

朱鹮在稻田觅食

野外的朱鹮自由自在地享受着大自然的恩赐，它们就像是一群远离尘世的天使，无拘无束地生活着。晓煦和冬冬的心情无比激动，这不但是他们与朱鹮的首次亲密接触，也是他们向科学研究踏出的坚实一步。

"今天的行程就到这里吧，你们也累了。明天再让李爷爷带你们来做细致的调查吧！"雪儿老师心疼两位同学。他们刚经过一番跋涉，怕他们累坏了。

回去的路上，冬冬发现很多树下装置了一些网，有的树上缠上了塑料布，有的树上甚至绑上了带有刀片的木

安全网

条。他不解地问："爷爷，这些是干什么用的啊？"

李爷爷得意地笑了："这些网叫安全网，是为了防止朱鹮的幼鸟从树上掉下来而架设的。刀片和塑料布是用来保护朱鹮的，因为朱鹮的天敌——蛇等动物可能会沿着树干爬上去危及朱鹮一家的安全。这也是大家摸索出来的办法！"

两位同学不禁在心中感叹："人们为了朱鹮真是想了不少办法，做了不少的事情啊！"

4.2 怎样进行朱鹮的野外调查

经过一个晚上的休息，同学们的体力恢复了，精神也高涨了，迫不及待地请求李爷爷分配工作。李爷爷说："不忙，我们先来了解现代的野外研究手段。"

为了准确地跟踪朱鹮个体，科学家在朱鹮的腿上安装了重量很轻的环，上面有代码，相当于给每只朱鹮取了一个名字。科学家可以针对朱鹮个体记录它们的行为习性，还可以统计朱鹮的种群数量。

对于朱鹮这种不易观察的鸟类，还可以采用无线电遥测的方法。科学家为朱鹮安装上无线电发射机，里面装有可以发射和接收信号的电子芯片。科学家根据手中的无线电接收机接收发射机发出的信

环志

号，可以"看到"朱鹮，对其进行跟踪、观察和记录。

"现在正值夏天，朱鹮觅食范围扩大，而且经常集体活动，我们能不能用'样方法'研究朱鹮的习性？"雪儿老师抛出了自己的疑问。

"什么叫样方法呀？"同学们问。

"我们先划定几块观察点，这些就是'样方'。我们仅研究样方内的环境以及出没在样方中的动物，最后再比较我们研究不同样方时得到的数据，进行分析。"雪儿老师回答。

> ## 知识链接
>
> ### 无线电遥测法
>
> 无线电遥测法是利用无线电波在离测量仪器有一定距离的地方自动地显示或记录测量结果的过程。
>
> 在鸟类学研究中经常利用该方法。具体方法是在鸟类身上安装无线电发射器，然后将它释放到正常的生活环境中。科学家根据手中的无线电接收机，能够接收鸟类身上的发射器发出的信号，从而确定它们所在的位置。运用这种方法，科学家可以连续追踪鸟类的活动，了解它们的隐秘生活。

"我们试着用样方法研究朱鹮吧！先来设计我们的方案。"冬冬很积极。

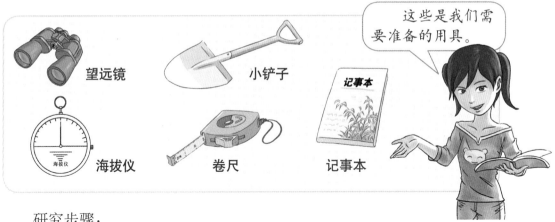

望远镜　小铲子　海拔仪　卷尺　记事本

这些是我们需要准备的用具。

研究步骤：

第一步，设立样方

在朱鹮活动的环境中测量出一块面积为 50 m × 50 m 的样方。

第二步，记录样方内的环境特征

科学家调查的内容可多了，主要有样方的海拔高度（m）、坡度（°）、开阔程度（°）、水深（cm）、植被盖度（%）、土壤松软程度、面积（m²）、距夜栖地的距离（m），以及附近人类活动干扰程度，等等。

这次只记录最简单的几个方面——海拔高度、水深、植被盖度(%)、距夜栖地的距离（m）。

第三步，寻找对照样方

在朱鹮觅食地周围找一块同样面积的区域作为对照，可选择附近一块种植大豆的农田。也测量出一块面积为50 m × 50 m的样方。

第四步，记录对照样方内的环境特征

第五步，观察样方内的朱鹮

记录朱鹮在样方内出现的次数和它们的行为。

第六步，分析数据

科学家常用比较专业的软件对记录的数据进行分析。这次准备做的样方调查的数据不是很复杂，可以做一个对照表，将朱鹮觅食地和对照地的结果进行比较。

考察方案制订好后，冬冬和晓昫喜滋滋地拿给李爷爷看。

李爷爷看了同学们自己设计的考察方案，不住地点头称赞："做得像模像样吗！"

雪儿老师补充了一句："科学家在运用样方法时可不只是选择一两个样方。一般来说，样方的数量都要达到30个以上的。"

这句话，让两个沉浸在成功喜悦中的同学眼睛瞪得老大！

李爷爷遗憾地接着说："由于目前朱鹮数量稀少，不适用这种方法进行研究。"

同学们看到自己设计的方案在研究朱鹮的项目上将要落空，心中升起一丝丝惆怅……

4.3 检测朱鹮栖息地的水环境

朱鹮的大部分食物来自水田。在繁殖期，更是依靠水田中的泥鳅喂养后代。如果水田中农药过多，会影响其中泥鳅的数量和质量，并且直接影响到当年朱鹮宝宝的数量和体质。水田里的水流入附近的水域，也会影响这些水域中朱鹮的主要食物——各种水生生物的数量和质量，这也直接影响到朱鹮的数量和体质。对朱鹮栖息地的水质进行监测是非常必要的。

接连考察了一个星期朱鹮的生活习性，雪儿老师计划带着同学们检测朱鹮栖息地水环境的质量。

雪儿老师向同学们介绍了我国水环境质量的分类与检测标准。国家环境保护总局发布的《地表水环境质量标准》中依据地表水水域环境功能和保护目标，将地表水按功能高低依次划分为五类。

I 类	主要适用于源头水、国家自然保护区
II 类	主要适用于集中式生活饮用水地表水源地一级保护区、珍稀水生生物栖息地、鱼虾类产场、仔稚幼鱼的索饵场等
III 类	主要适用于集中式生活饮用水地表水源地二级保护区、鱼虾类越冬场、洄游通道、水产养殖区等渔业水域及游泳区
IV 类	主要适用于一般工业用水区及人体非直接接触的娱乐用水区
V 类	主要适用于农业用水区及一般景观要求水域

> 我们喝的水应该达到 II 类水标准。

"依据国家标准来看，朱鹮生活的水环境的水质起码要达到二类以上的标准了？"

"是的，这说明对水质的要求是很严格的。到底这里的水质符不符合国家标准呢，需要我们一起来验证一下！"

晓煦问："怎么来判断水质的好坏，有哪些指标呢？"

"是呀，朱鹮自然保护区的水质应该属于二类的水环境，那么，这里的水质到底有没有达到二类水的各项标准呢？"冬冬的问题也非常有深度。

"《地表水环境质量标准》对不同类的水质标准有详细规定。"雪儿老师拿出《地表水环境质量标准》给两人看。

地表水环境质量标准基本项目标准限值　　单位：mg/L

序号	项目	I 类	II 类	III 类	IV 类	V 类
1	水温（℃）	人为造成的环境水温变化应限制在：周平均最大温升≤1　周平均最大温降≤2				
2	pH值	6～9				
3	溶解氧	≥饱和率90%（或7.5）	6	5	3	2
4	高锰酸盐指数	≤ 2	≤ 4	≤ 6	≤10	≤15
5	化学需氧量（COD）	≤ 15	≤ 15	≤ 20	≤30	≤40
6	五日生化需氧量（BOD5）	≤ 3	≤ 3	≤ 4	≤ 6	≤10
7	氨氮（NH_3-N）	≤ 0.015	0.5	1.0	1.5	2.0
8	总磷（以P计）	≤ 0.02(湖、库 0.01)	0.1(湖、库 0.025)	0.2(湖、库 0.05)	0.3(湖、库 0.1)	0.4(湖、库 0.2)

注：摘自《地表水环境质量标准》，略去有关总氮、铜、锌、氟化物、硒、砷、汞、镉、铬、铅、氰化物、挥发酚、石油类、硫化物等指标。

从某种角度来说，科学研究又像是一个侦探破案的过程，需要把各种线索拼凑起来，最终搞清楚事情的来龙去脉。开展有序的科学实验就是一个很有效的收集线索的途径。科学实验一般经过提出问题、进行假设、设计实验、实施实验、分析数据，最后得出结论的过程。

雪儿老师开始发问了："科学研究是从科学问题开始的。我们今天要研究朱鹮生活的水环境质量，你们能提出一个具体的研究方向，确定我们要研究的问题吗？"

晓煦想起曾经学过用滴定法测定高锰酸盐的含量，于是建议道："我们可以将测定水样中高锰酸盐含量作为今天的研究内容。"

冬冬说："测量高锰酸盐含量倒是挺有挑战性的，但只要我们齐心协力，一定能测量出准确的结果。"

"高锰酸盐指数可以反映出水体中可氧化的污染物质的含量。你们预测一下我们的实验结果，这里水中的高锰酸盐含量会达到哪一类水质标准呢？"雪儿老师问。

"如果水中的高锰酸盐指数 ≤2 mg/L，那么水质在高锰酸盐这一指标上达到了一类的标准。这里的水这么清，我预测能达到一类标准。"冬冬自信地说。

"我想这里的农田肯定要施些肥料的，所以我预测会是二类。"晓煦也亮出自己的观点。

"那我们就去采些水样来测一测吧。"

采回水样后，两人一起按下列步骤测量高锰酸盐的含量。同学们认真地操作，控制好滴定量，精确读出读数，最后进行准确的计算……

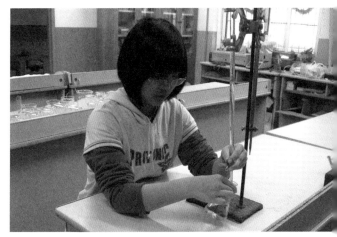

滴定实验

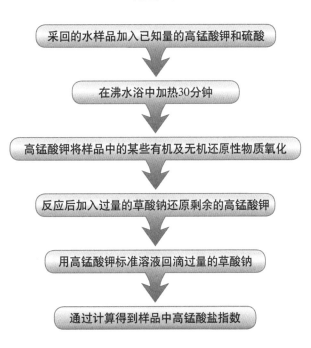

采回的水样品加入已知量的高锰酸钾和硫酸

↓

在沸水浴中加热30分钟

↓

高锰酸钾将样品中的某些有机及无机还原性物质氧化

↓

反应后加入过量的草酸钠还原剩余的高锰酸钾

↓

用高锰酸钾标准溶液回滴过量的草酸钠

↓

通过计算得到样品中高锰酸盐指数

为了使实验数据更加准确，他们还重复进行了几次实验。

在实验结束后，要对数据进行分析，必要时把数据整理成表格或者图表，常常能更清楚地看出其中的规律。然后，还要思考这些数据说明了什么：它们能不能支持你的假设？是否需要收集更多的数据？

结论就是对实验研究发现的总结。在下结论时，需要确定收集的数据是否支持原先的假设。通常需要重复好几次实验才能得出最后的结论。但是在大多数情况下，得出的结论还会引发出新的问题，这时需要设计新的实验来寻求答案。

冬冬、晓煦将几次实验结果取平均值，结果是1.79 mg/L。

"冬冬、晓煦，根据你们的实验结果，再回忆一下你们当初提出的假设，可以得出什么样的结论呢？"雪儿老师的问题一提出来，两个机灵的小伙伴就会心地对视一笑。

冬冬："我来说吧，我们的实验结果是高锰酸盐指数为1.79 mg/L，小于2 mg/L，当然满足了我当时的假设，也就是达到了一类水的标准！"

"但是我们也不能掉以轻心呢，高锰酸盐指数只是水质测定中的一个指标，还有pH值、含氮量、含磷量等等很多个指标。只有各项指标都达到了标准，我们才真正放心让朱鹮在这样的水环境里生存啊！"

"那我们再继续测量几个指标吧。"

5 实现朱鹮的人工饲养

人工饲养朱鹮已有100多年的历史。曾经饲养过朱鹮的国家有韩国、英国和日本，但都未能繁殖成功。我们根据对朱鹮的野外考察，结合饲养其他鹮类的资料，采取了人工饲料（混合饲料）与天然饲料（泥鳅）相结合的饲养方法，已达到既能满足朱鹮的营养需要，又适应朱鹮的取食食性的要求。

——《科学家研究札记》摘抄

5.1 朱鹮繁育中心
——动物园中"闹中取静"的朱鹮乐园

从洋县回来休整了几天，按照雪儿老师的要求，冬冬和晓昫开始总结野外的观察记录，根据自己的观察经验为朱鹮设计适宜人工饲养的环境。

这是一个艳阳高照的周末，同学们随着雪儿老师从动物园大门向西行走，绕过熊猫馆、水禽湖，来到了小河边，迈过小桥，看到了一处安静的小院。这里枝叶繁茂，环境优雅。静静流淌的小河将小院与喧闹的动物园展区分开，更显出这片园区的寂静。

雪儿老师说："这就是朱鹮繁育中心。"

原来在这静谧的地方就隐藏着世界上最稀有的鸟？以前来动物园从来没有注意过，雪儿老师原来也没有告诉他们。同学们心中顿生神秘感，这里难道是一片世外桃源？

朱鹮繁育中心

绕过小院来到其貌不扬的院门，一位阿姨打开门，热情地欢迎大家的到来。走进院门，只见一排整整齐齐的房屋映入眼帘，房子的南面是高4～6米的铁丝网笼。同学们一边参观，一边与科研人员交流，思绪也飞快地转着，一连串的问题连珠炮般地涌了出来。

"朱鹮的数量那么少，人工饲养的第一只朱鹮是从哪儿来的？"

"第一只人工饲养的朱鹮还活着吗？它在哪里？"

"咦？朱鹮笼舍的网眼好像与别的鸟舍不一样呀。"

"朱鹮宝宝是妈妈孵化还是爸爸孵化？"

"朱鹮能进行人工繁殖吗？"

雪儿老师看到同学们这样用心地思考，会心地笑了："别着急，我们各个击破！"

同学们的问题打开了李爷爷的话匣子："1981年5月，在洋县重新发现朱鹮后的一天晚上，科考队员在观察有3只雏鸟的朱鹮一家时，发现一只幼鸟由于体力不支坠落在地上，飞不起来了。科考队员赶紧捕捉了一些小鱼和小虾喂给它吃，并把它送回巢中。可惜这只幼鸟的身体实在太虚弱了，第二天上午又从巢中坠落下来。它可怜地叫着，朱鹮妈妈无可奈何地望着它，发出了悲哀的低鸣。

科考队员仔细观察，发现朱鹮幼鸟之间的竞争非常激烈。这只朱鹮宝宝总是得不到足够的食物，比兄弟姐妹瘦小得多，被他们挤出了鸟巢。为了保护这只小朱鹮，林业部批准将它送到北京饲养。它于6月25日到达北京动物园饲养，这就是人工饲养的第一只朱鹮。在接收了小朱鹮后，动物园的领导和科研人员非常重视，经过多方面的考察，为朱鹮选中了现在这处安静而优美的地方。"

"这个笼网很特别，是为了让它们更舒适吗？"冬冬想得很用心，问题问得也很到位。

雪儿老师说："问题提得好！我们到动物园里看看其他鸟类笼舍的网眼是什么样子的。"

雪儿老师带着同学们走出朱鹮繁育中心，

▲ 大型涉禽——秃鹳

鹳形目，鹳科，秃鹳属。头和颈裸出，颈部散布有少许稀疏的毛发状的羽毛。喜小群一起营巢，有时在同一棵树上营巢达10个之多。

去看其他鸟的笼舍。一只秃头大鸟吸引着同学们，他们特别留心地观察了
这种涉禽——秃鹳的鸟笼，笼网是菱形的。有
的鸟笼的笼网是方形的。也有许多笼网为长方
形的鸟笼，但这些长方形都比较小。

"很明显，朱鹮的笼网是比较大的长方形，这
有什么意义吗？"

"我们去问李爷爷吧！"

听了同学们的问题，李爷爷得意地笑了。
"当然了，意义重大！朱鹮比较胆怯，受惊吓
容易引发冲撞现象，常有朱鹮因此而伤亡。我
们通过观察朱鹮的习性和总结前人的经验，专
门为朱鹮设计了长方形的网格。根据朱鹮嘴的
长度和基部的宽度，网格的规格是15厘米×3厘
米。这种设计还是我们的'专利'呢！洋县和
日本自从学习了我们的设计方法，撞伤的事情
发生得少多了。"

大家跟着李爷爷一起走进了饲养区。冬
冬赶紧拿出自己的作业——饲养环境的设计草
图，对照着朱鹮饲养区比较了起来。

方形网格

菱形网格

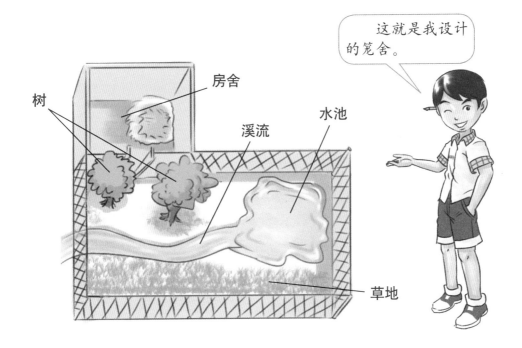

树　房舍　溪流　水池　草地

这就是我设计的笼舍。

笼舍外景 　　　　　　　　　　　　　　笼舍内景

　　李爷爷肯定了冬冬的设计："你设计的饲养场地挺像朱鹮野外的家呢！"

　　李爷爷接着说："繁育中心为朱鹮的家设计了房舍和笼网罩起来的运动场。每间房舍有十多平方米，内有保温设备。房间内为水泥地，有供朱鹮洗浴的水池。水泥地的好处是便于冲刷，可预防寄生虫病。运动场约15平方米，有供踩踏、可掘食蚯蚓的湿地。运动场可以满足朱鹮嘴、爪的'磨合'，还可避免关节炎、脚垫等疾病。在房舍和运动场都配有栖杠供朱鹮栖息。笼舍是朱鹮最大的活动空间，设有乔木、灌木、草地、河沟等景观。在住房非常紧缺的动物园，建造这样一个朱鹮的家很不容易了。"

　　"原来不仅要考虑朱鹮的生活环境，还要考虑朱鹮的健康啊！"冬冬感慨。

　　"朱鹮还会得关节炎？"晓煦很奇怪。

　　"日本的朱鹮'白'就是因关节炎死亡的。饲养好一种野生鸟并实现繁殖是一件很困难的事情，尤其是世界珍禽，数量如此之少，不能发生一点闪失！"

　　"看来这真是一门深奥的学问，我将来也要从事这方面的研究。"冬冬信誓旦旦地说。

　　"很好，将来我国动物学的基础研究后继有人了！"李爷爷抓住时机鼓励同学们坚定自己的信念，成为动物学研究的后来人。

水池　　　　　　　　　　　　　　　　　运动场

5.2 繁育中心的"明星"谱

北京动物园的朱鹮繁育中心是世界上第一个人工繁育朱鹮成功的研究机构，在这里生活着数十只悠闲快乐的朱鹮。李爷爷带领同学们逐一认识了这些成员，并向大家讲述和展现这群珍稀宝贝的身世和趣闻。

5.2.1 "英俊的老先生"——朱鹮华华

华华就是那只1981年6月25日送达北京动物园的第一只人工饲养的朱鹮。"华华"这个名字是为了纪念我国重新发现了朱鹮。在经验丰富的饲养员的精心护理下，华华顺利地成活下来了，并且长成仪表堂堂的帅小伙。它能听出饲养员的脚步声。饲养员抚摸它时，它会高兴地竖起发冠；饲养员走时，会伸着脖子看，像是依依不舍地送别。

1985年，人们为它安排了一个跨国婚姻。华华飘洋过海，与日本的

"大龄女青年"——18岁的"金"结为夫妻。刚到日本时，华华很认生，不吃不喝，护送人员不断地安慰它，及时调换食物，加上隔壁的未婚妻阿金不时传来呼唤声，才使华华逐渐安定下来。这是中国和日本的首次朱鹮繁殖合作研究。日本鸟类学家希望年轻的华华能跟阿金相亲相爱，繁衍后代。但是华华与阿金虽然结为夫妻，却未能生儿育女。

朱鹮华华

后来研究人员曾经试图让华华与其他朱鹮成家，但终未生得一男半女。人们怀疑年幼时营养不足、当初的饲养条件有限等等，都可能是其没有后代的原因。现在华华健康、悠闲地生活在北京动物园，已有31岁高龄，是我国人工饲养的朱鹮寿星。

阿金是日本朱鹮中最耀眼的明星，不仅是因为它活到36岁（1967年出生），为目前寿命最长的朱鹮；也是因为它是日本原产朱鹮的最后一员。2003年10月10日上午7点20分左右，阿金在日本新泻县的佐渡朱鹮保护中心死去了。研究人员从监视录像中看到，当天早上6点半左右，阿金曾突然腾空飞往高处。他们断定阿金在突然腾飞时头部撞到了笼子的顶部。但为什么阿金突然飞起，工作人员却无法解释。

阿金死后，保护中心的科研人员对阿金的遗体进行了病理解剖，确定阿金内脏并无异常，仍很健康，只是死于头部挫伤。这个解剖结果让中国的朱鹮专家充满了希望，也许朱鹮的生存年龄会更长。大家希望华华能健康地活到40岁或更长，到那时，华华将成为世界上寿命最长的朱鹮。

朱鹮寿星——金

5.2.2 模范夫妻——青青和平平

朱鹮美少女——青青1985年4月6日出生于陕西省洋县窑坪乡三岔河村，它在同巢兄弟姐妹中排行老二。由于她是5月4日从巢中取出的，因而取名青青，以纪念五四青年节。

真是一对恩爱的小夫妻。

朱鹮青青和平平

1986年4月，三岔河村又出生了一窝雏鸟，共三只幼雏，第二个出壳的朱鹮就是英俊小伙——平平。鸟类学家取窑坪乡的坪字谐音为小朱鹮取名。1986年5月15日，39日龄的平平被带回北京朱鹮繁育中心。

它们渐渐长大了，英俊的平平与妙龄少女青青相互仰慕，结为夫妻。当时隔壁笼中的芳芳对平平情意绵绵，时常隔着笼子向平平递树枝，平平时常会受到一些干扰，但对青青始终不离不弃，令同类们十分艳羡。它们是动物园中出了名的模范夫妻。

夫妻俩相亲相爱，每年都产卵。朱鹮孵卵的责任心很强，有争相孵卵的现象，常常是一只还没孵化多长时间，另一只就抢着要孵，直至争执起来。青青年长些，且性格温顺，经常让着平平，它俩一直相处得和和睦睦。

在动物园嘈杂的环境中，自然育雏是相当困难的，青青和平平不负众望，有了第一个孩子——第一只人工繁殖的朱鹮幼鸟。后来它们又加入了自然育雏试验、白鹮代孵试验，都取得了成功。至今它们为朱鹮家族增添了许多后代，也为我国的朱鹮保护事业作出了重大贡献。

5.2.3 异国结缘——窈窈和绿

窈窈1987年出生于陕西省洋县八里关乡大店村姚家沟，最初得名姚姚，后改名窈窈。它是姚家沟巢区4月30日孵出的3只幼鸟中的一只。

1990年2月，北京朱鹮繁育中心迎来了日本客人。日方把唯一的雄性朱鹮"绿"送到北京动物园与窈窈配对，期冀延续日本朱鹮的血脉。繁殖期间夫妻关系很好，交配、营巢、产卵，并共同孵卵。正在人们为这一好消息雀跃时，却发现窈窈产下的两枚卵均未受精。

两次跨国的朱鹮"婚配"均以失败告终，世界鸟类学家对朱鹮两个远缘种群之间的遗传交流计划破灭，不同血统的杂交期望化为泡影。

后来窈窈与阳阳配成一对，而且有了自己的后代。

日本的阿绿曾与阿金配成一对。虽然阿绿身体健壮，每年都跟阿金交配，但是阿金就是不产卵。1995年，日本最后一只原产雄性朱鹮阿绿因年老和疾病去世，日本不得不放弃了繁衍日本原产朱鹮的努力。

朱鹮窈窈和绿

5.2.4 寓意事业欣欣向荣的阳阳和欣欣

1988年4月20日，陕西省洋县阳坪乡后坎河村的牯牛坪巢区降生了4只小朱鹮。老二取阳坪乡的阳音，叫阳阳。欣欣是同窝的老四，取名意为朱鹮的保护事业欣欣向荣。它们于5月24日近一个月大时被取出，5月29日启程送往北京动物园朱鹮繁育中心，加入了朱鹮人工繁育研究的行列。

欣欣很淘气，有时会玩起"男孩子"的游戏，这让分辨它们的雌雄成了难题，甚至科研人员怀疑当初的性别判断错了，只好借助DNA技术来确定。结果发现当初的判断是正确的。

李爷爷告诉同学们，繁育中心就是在这几只朱鹮的基础上，发展壮大到今天这样庞大的队伍的。

朱鹮阳阳和欣欣

 5.3 解决"吃"这个大问题

认识了朱鹮明星们，时间已到了中午，冬冬的肚子不留情面地叽里咕噜叫了起来。

"我们到哪儿吃饭呢？"

"就知道吃饭，你了解这里的朱鹮是怎样吃饭的吗？"晓煦赶紧抓住机会，批评起冬冬来。

"它们在野外怎么吃，在这里就应该怎么吃呗。鸟类吃的食物与鸟嘴的形状有关系，雪儿老师曾经介绍过。"冬冬也不示弱。

李爷爷赞许地说："是的，从鸟嘴的形态可以判断它们吃什么食物。不过，要将野生的鸟类进行人工饲养，它们的食物还真是一个大问题呢！在繁育中心，我们讨论得最多的话题要数朱鹮的饭菜了——吃什么和怎么吃。"

从野外到动物园的人工环境中来，按道理说当然是提供与野外一样的食物。但是，在野外，朱鹮的食性非常广泛，人工提供的活饲料种类终归有限，不可能让它们如身处自然界一般到处寻觅丰富的食物。

应该为它们提供什么样的食物？这可关系到朱鹮的存亡乃至繁衍，也一直为科研人员所重视，饲料也在不断地改进着。

1986年，李爷爷他们已通过野外调查了解到朱鹮的食物组成，并且参考了德国、日本等国饲养鹮类的资料。最后决定尽量模拟自然状态，以天然饲料为基本饲料，每天投喂活的泥鳅、小鱼、黄粉甲幼虫。

📖 **知识链接**

鸟嘴与食性

根据食性可以将鸟类分为以下四类。

食虫鸟：喜食昆虫的鸟类，如戴胜。

食肉鸟：主食肉类的鸟，如伯劳。

杂食鸟：不仅吃动物性食物，也吃植物性食物，如红腹锦鸡。

食谷鸟：主食种子的鸟，如斑胸草雀。

细长嘴的戴胜

嘴带利钩的伯劳

嘴短的红腹锦鸡

粗壮嘴的斑胸草雀

但是，人工饲养成活朱鹮并非终极目标，还要让它们在人工环境下繁衍后代。并不是为它们提供可口的食物就能实现繁衍，全面的营养非常关键。有限的天然饲料营养成分是不全面的，必须通过人工饲料为它们补充必要的维生素、矿物质和微量元素等。

为了给朱鹮提供更适口的人工饲料，李爷爷及科研人员们作出了很大的努力。他们先是查找资料，向其他饲养鹮类经验丰富的国家学习。他们发现瑞士的巴塞尔动物园在饲养鹮类方面经验丰富，在适时为鹮类加入人工饲料后，一些鹮类实现了繁殖。这给了大家很大的启发和鼓舞：一定要自己摸索出新的饲料配方！

他们慢慢地摸索着。先是只加入基本的营养物质，如糖类、蛋白质、维生素，再逐步加入矿物质、微量元素，等等。

通过分析朱鹮的卵壳成分，他们认识到饲料中还应该含有锰、锌、铁等营养元素。于是调整饲料组合，形成了营养成分非常全面的配方：牛肉、熟鸡蛋等动物性饲料，玉米、小麦、大豆等植物性饲料，维生素、微量元素，等等。

"饲料配方有了，让朱鹮顺利地食用也需要窍门！"李爷爷告诉同学们。

人工饲料

天然饲料——泥鳅

"吃还有窍门？"

"饲养是一门技术，到处都是玄机，就像一层窗户纸，捅破了就很容易实现，但发现的过程很艰难。"

"窗户纸？"

"鸟儿当然是更爱吃天然饲料了。将人工饲料搅拌起来，填入泥鳅等天然饲料，在它取食泥鳅时就会一点点地带入人工饲料，时间长了就慢慢适应人工饲料了。"

"真妙！"

我吃的营养可全面了！

水分	68.98	微生素E	85.4	钠	0.46
灰分	3.33	维生素A	70.59	硒	0.19
粗蛋白	22.84	铁	0.07	钙	0.079
粗脂肪	4.99	铜	105	砷	0.07
粗纤维	1.05	锰	6.2	磷	0.78
维生素B1	0.87	锌	16	钴	0.01
维生素B2	55.67	铅	71	镁	0.25

5.4 喜庆气氛中的不幸

李爷爷介绍了一件鲜为人知的故事，既惊险又伤感。

那是一年春节……

春节是我国民间最隆重、最热闹的传统节日。千百年来，人们的年俗庆祝活动异常丰富多彩：节前人们大扫尘埃；家家户户采购物品，备足年货，为孩子们添置新衣新帽；屋里屋外张贴色彩鲜艳寓意吉祥的年画和春联，倒贴福字。春节还有燃放烟花爆竹的习俗，这也是烘托热闹场面的又一种方式，尤其受到孩子们的青睐。

"这样热闹而喜庆的场面对朱鹮来说可能就是一场灾难。"

"怎么会对朱鹮有影响呢？"

李爷爷有些伤感，默不作声，雪儿老师看到这凝重的场面轻声地说："听李爷爷给我们讲就知道了！"

李爷爷的神情稍作调整，然后，给大家讲了一个故事。

那是一个年三十，人们沉浸在一片喜庆的气氛中。当夜幕悄然降临时，各家各户围坐在一起吃着年夜饭，享受着电视大餐——看春节联欢晚会。室外星星点点的爆竹声和光亮划破了平静的夜空。这时，在朱鹮繁育中心值班的工作人员开始坐立不安了。好在此起彼伏的鞭炮声显得零星而遥远，大部分朱鹮都很平静、祥和，像是同人们一起享受这美好的节日。

时钟一点儿一点儿地指向岁末，人们的热情逐渐高涨起来。大家冒着严寒纷纷走出房门燃放鞭炮。鞭炮声越来越响亮。当时钟到达零点那一刻，人们像是约好了似的，一齐燃放出最灿烂的、最震耳欲聋的烟花和爆竹，发出了震天动地的巨响。

> 我最怕特别响的鞭炮。

朱鹮奇奇是一只非常腼腆而胆小的鸟，它在一刹那间惊醒，以最快的速度站起、展翅，本能地向室外飞去。

"不就是飞走了吗？很正常呀！我要是遇到危险，比如地震，也会向室外奔跑！"冬冬耍起了小聪明。

李爷爷说："是的，这要是在野外，受了惊吓的朱鹮猛地起飞，找个安全的地方安稳情绪，待环境平和时再飞回休息地，或换个地点栖息便罢了。而在人工饲养的条件下，没有那么宽阔的环境。奇奇长长的嘴撞到了门窗上，然后滑落到地上。"

李爷爷虽是在家中过年，却也并不安心。在刚听到惊天动地的爆竹声那一刻起，更是如坐针毡，心悬到了嗓子眼。因为太惦记繁育中心的朱鹮，李爷爷赶紧披上衣服，赶往动物园。奇奇撞伤时，李爷爷正在路上，他第一时间赶到了现场。由于是午夜时分，李爷爷指导饲养员暂时不要动它，对其进行安抚，让它慢慢安静下来。如果安抚都不管用，总是准备飞起，就只好捆绑它的翅膀，避免造成再次撞伤。

第二天天刚蒙蒙亮，科研人员、兽医、

知识链接

鸟喙断了的治疗方法

大多数成鸟的喙由硬质的角质构成，有大量的感觉神经末梢，动脉血管在喙的中央部位。如果碰断或损伤，不仅疼痛，而且还会流出许多血。若流血不止，可以用云南白药止血，或用一根烧红的细铁丝烙喙的断端进行修整。大鸟须用电烙铁，这一方法很残忍，鸟儿会很痛苦，但很有效，可以避免伤口感染。

饲养员便聚集在一起，共同会诊。这时奇奇也安静了下来，大家可以查看伤口并进行伤口的处理了。奇奇长长的嘴被折伤了，流了不少的血，脸部也有擦伤。看到奇奇的伤情，真叫人心痛、着急呀。

"那该怎么办？"雪儿老师着急地问。

"想一想，要是人受伤会怎样处理呢？"李爷爷反问道。

"我有一次摔骨折了，在医院打上了石膏。不会给朱鹮打石膏吧？"晓煦从自己的生活经历中得到了启发。

"从来没有处理过朱鹮这样的撞伤，没有经验可循，当时朱鹮的珍贵程度让科研人员慎重又慎重。饲养员为它擦拭伤口并轻压出血处。好在只是上嘴发生弯折。兽医为奇奇的嘴打上了夹板，即在它的嘴中放入一个竹条，将上嘴与竹条捆好，像人类骨折后打石膏一样，希望它能慢慢愈合。

夹板

"嘴打上夹板朱鹮还怎么吃东西呀！"沉默了许久的冬冬问。

"是的，"李爷爷继续说，"接下来的工作就更为棘手了，这时的奇奇一刻也不能离开科研人员的监护。我们每天安排专人看护奇奇，定时给奇奇填喂肉条、泥鳅等食物。几个星期后，在大家的悉心照料下，奇奇的嘴伤愈合好了，慢慢能自己吃东西了。"

听了李爷爷的讲述，同学们越发感到科学研究工作对保护珍稀野生动物的重要性了，更感到科学家科研工作的神圣了。李爷爷告诉他们，饲养是保护珍稀野生动物的第一步，要使濒危物种种群增多，更重要的是繁殖，在人工饲养的环境下繁衍后代。我们要了解它们的繁殖习性，以便提供合适的环境使它们繁衍后代。

"再过一个月，你们就可以随李爷爷一起观察朱鹮的繁殖习性了。"雪儿老师向同学们宣布了好消息。

6 探究朱鹮婚纱的秘密

春节很快过去了，转眼已到了二月底。这时北京的天气还很冷，勤快的朱鹮已经开始进入繁殖季节。雪儿老师、冬冬和晓煦与李爷爷相约在朱鹮繁育中心观察研究朱鹮的繁殖习性。

6.1 确定研究方案

李爷爷一见到他们，就抛出了一个悬念："你们知道吗，朱鹮是鹮科鸟类中非常特殊的鸟，在繁殖季节，它们羽毛的颜色会发生变化，就像我们人类结婚时披上婚纱一样。"

"婚纱！？鸟儿也穿婚纱？"冬冬和晓煦感到很惊奇，"这太不可思议了，太有趣了！李爷爷，我们能观察到朱鹮的婚纱是什么样的吗？"

李爷爷笑着说："别着急，科学研究需要持之以恒的观察。只要你们投入到这项研究之中，就一定会观察到。"

雪儿老师提醒他们："还记得吗？我们查资料时，曾经了解到朱鹮的羽毛会在某些时候变成灰色的，曾经有人以为羽色不同的朱鹮是两种鸟呢。"

李爷爷强调说："其实朱鹮一生中羽毛的颜色一直在变化着。"接着历数了朱鹮不同时期羽色的变化情况。

刚孵出的朱鹮雏鸟全身为绒羽，或称绒毛，颜色为灰褐色。

幼鸟期：朱鹮全身开始长出白色正羽，淡灰褐色羽毛逐渐换成白色。随着年龄的长大，白色羽毛逐渐增多，灰褐色羽毛逐渐减少。

2岁时：朱鹮整个身体羽毛几乎为纯白色，只有颈部羽毛稍带灰色。

3岁时：进入性成熟期，在非繁殖季节时全身羽毛呈白色。繁殖期时雌雄的羽毛都发生了变化，它们的头部、颈部、背部沾染灰色，其他部位仍为白色。过了繁殖季节，它们的羽毛颜色又恢复了原有的白色。

老年期：朱鹮羽色的季节性变化一直延续。而且年龄越大的鸟，灰色越浓。直到朱鹮失去繁殖能力，灰色羽毛便不再出现，呈白色。

所以说朱鹮羽毛季节性的着色标志着朱鹮的性成熟，灰色羽衣是它的婚羽，它一生要穿十几次灰色的"婚纱"。

"啊——，原来灰色的羽毛就是婚纱？它是怎样披上婚纱的？"

李爷爷建议同学们从2月至6月持续观察朱鹮的行为，并且答应让他们每周与朱鹮近距离接触两天。同学们的兴奋之情不必言说，他们马上开始做缜密的筹划，进入观察的备战状态。

同学们制订了如下的研究方案。看到他们的准备工作做得如此详尽，看到他们的成长，雪儿老师从心里为他们高兴！

研究方案

课题名称： 探究朱鹮婚纱的秘密

研究意义： 深入了解朱鹮的生活习性，为人类认识朱鹮、研究朱鹮提供基础资料

研究内容： "婚纱"成因、"穿披"过程

研究方法： 1. 从2月份至6月份对朱鹮的行为进行观察，特别要关注朱鹮的羽色变化。

2. 每周利用周六、日的时间，两人轮流进行全天观察。

3. 准备好观察记录本，确定记录格式，按照时间顺序详细记录。

观察记录表

天气：_____ 时间：_____

时　间	行　为

4. 在条件允许的情况下，检查朱鹮变灰的羽毛和皮肤的状况。

研究结果： 总结出朱鹮羽色变化的规律，灰色羽毛出现的过程，了解灰色羽毛产生的原因，力图解开朱鹮羽色变化之谜。

朱鹮为什么要更换羽毛颜色呢？羽色又是如何变化的？……同学们开始了他们的又一个研究之旅。

6.2 观察朱鹮阳阳洗澡

第一次正式观察之日，李爷爷拿出两张照片让他们看："朱鹮很爱洗澡。瞧，这是一只正值繁殖期的雄性朱鹮，它经过几次洗浴后，羽毛的颜色就发生了变化。"

洗浴前　　　　　　　　　　　　　　洗浴后

"鸟儿都爱洗澡吗？"晓煦问。

雪儿老师说："鸟类是爱清洁的动物，非常爱洗浴。有的鸟类如雉类、百灵喜欢沙浴，但大多数鸟类喜欢水浴。朱鹮常常进行水浴，每天总是把自己打扮得很整洁，像是告诉世人'我们是清洁一族'。"

白冠长尾雉沙浴

燕鸥水浴

"可这只朱鹮在洗完澡后，羽毛的颜色怎么变了呢？"

"这就需要你们认真观察研究啰！"李爷爷在鼓励同学们的时候脸上总是笑眯眯的，让同学们对自己的研究充满了信心。

朱鹮的洗澡过程是怎样的？在繁殖季节，朱鹮的白色羽毛是怎样变成灰色的？在不同的季节，朱鹮洗澡的意义相同吗？冬冬和晓煦被这些悬念驱动着，决心在朱鹮繁育中心认真地观察研究。

"观察可是件非常艰苦的工作，既不能打扰动物的正常活动，又要详细记录它们的一举一动，条件不允许时还得远距离用望远镜观察，你们能坚持吗？"

我去洗澡了。

冬冬，等一下，我和你一起去。

"当然能！"两位同学信誓旦旦。

同学们选中朱鹮阳阳作为观察对象。阳阳很爱干净，不管冬日还是夏季常常洗澡，浴后在阳光的照耀下悠闲地梳理羽毛。

在繁育中心工作人员的鼓励和指导下，俩人做了详细的观察分工。冬冬是男孩子，多做些艰苦的工作，主动承担起在小河边宏观观察的任务，目的是掌握阳阳的整体动态；晓煦则在监视器旁看着阳阳的每一个动作，近距离地观察阳阳的各种行为。

3月份的一个周末，天气晴朗，冬冬和晓煦观察到了阳阳洗澡的全过程。他们做了详细的记录。一天的观察任务完成后，俩人拿着记录本，兴奋地去找雪儿老师汇报。

冬冬抢先做了汇报：

阳阳洗澡前悠然地走到水池边，小心地用脚试试水温和水的深度，感到很满意后才踏入水池中，展开它硕大的翅膀拍打水面，让水尽情地在自己身上流淌。当水流过它的背部时，它会用长长的喙梳理一下翅膀、背部的羽毛，让清洁的水沾湿背部，然后很舒服地抖动一下身体，继续拍打水面，好让更多的水流向全身。重复几次上面的动作，自己身体的其余部位就逐步沾湿了。有时阳阳干脆蹲在水池中，急切地在水池中抖动身体、用头揉擦自己的颈基部、胁部等部位，再用脚爪搔挠颈部。整个过程大约要持续3～8分钟。这应该算是阳阳洗澡的第一步。

冬冬顿了顿，晓煦赶紧插话，接着介绍：

接着，阳阳犹如出水芙蓉一般走出水池，开始梳理羽毛。它一边抖动翅膀一边用嘴梳理翅膀、背部、肩部的羽毛，水珠均匀地撒播在它身上。它接着又梳理体侧羽毛、肩羽、翅羽，然后抖动翅膀。接着又梳理背部羽毛、尾基部、胁部羽毛，用头颈揉擦背部，又梳理翅下、胁部、前颈基部

羽毛，还用脚爪搔颈部羽毛。这应该是阳阳洗澡的第二步。

"朱鹮做事很像人类呢，有条理而又严谨。"晓煦发出感慨又接着介绍：

水池边过足瘾后，阳阳飞到栖杠上。阳阳真是个细致的小伙子，梳理羽毛这个细致活它干得非常投入。

阳阳一边抖动翅膀，一边用嘴梳理羽毛，身体上的水珠均匀地分散在羽毛上。它时常作出一个漂亮的姿势——头向后仰，脸向侧面，颈部紧贴背部揉擦，再用嘴梳理背部羽毛。李爷爷说这个动作是阳阳的经典动作——揉擦。阳阳时而用头颈揉擦背部，时而扇动翅膀甩甩嘴，将背上、翅上的水滴甩掉。

冬冬又抢着介绍了：

阳阳整理全身各处的羽毛时，它用嘴尖不断地变换着角度，尽可能地啄到每一根羽毛，用嘴一根一根将羽毛理顺，表现出它有足够的耐心。

整理完每一根羽毛后，洗浴工作才告结束。这个过程大约经历了近半个小时。

雪儿老师欣慰地鼓励他们继续观察、记录。

一次洗澡、两次洗澡，一个周末、两个周末……冬冬和晓煦几乎每个周末都是在动物园中度过的。他们观察到了朱鹮洗浴时最美妙最有趣的一幕。经过对观察记录资料进行整理，两人归纳了朱鹮洗浴的整个过程，概括出朱鹮的洗浴有三个阶段。

第1阶段 水浴

朱鹮走到水池中，用翅膀拍打水面，溅出的水花落到其身上。朱鹮立即抖动头部、颈部，然后用嘴梳理翅膀、背部；再抖动翅膀，拍打水，揉擦背部。在池中的水浴过程大约需要3～8分钟。

第2阶段 浴后理羽

水浴完成后，朱鹮身体已沾湿。出水后，朱鹮或站在池边，或是直接飞上栖杠，开始浴后的初步揉擦和梳理羽毛：用嘴梳理翅膀、背部、肩部羽毛——抖动翅膀，让水珠均匀地撒播；头向后仰，脸向侧面，颈部紧贴背部揉擦——用嘴梳理背部羽毛，梳理体侧羽毛、肩羽、翅羽——抖动翅膀；梳理背部羽毛、尾基部、胁部羽毛——头颈揉擦背部，梳理翅下、胁部、前颈基部羽毛——用脚爪搔颈部羽毛。

第3阶段 揉擦与梳理

朱鹮飞上栖杠，用头颈揉擦背——扇翅，甩掉嘴角上的水珠——用嘴梳理背部——揉擦背部——扇翅——揉擦背部——梳理背部——扇翅——梳理尾羽基部——揉擦背部——梳理背部、尾羽——揉擦背部——梳理翅角、肩、翅表面、翅内侧——抖翅——梳理肩羽。此过程大约需要20分钟。

1 水池中进行水浴

2 浴后扇翅、抖翅

3 头颈背和翅的揉擦

4 用喙梳理羽毛

朱鹮洗澡的全过程有四种典型的行为表现。

同学们发现，阳阳经过几次洗澡后，身体的颜色逐渐变成灰色了，而且每次洗澡后羽毛的灰颜色都要加深。朱鹮灰色"婚纱"无疑是通过洗浴形成的。究竟是在洗澡的哪个阶段形成的呢？在洗澡的第三阶段，有一个经典动作——揉擦，应该是经过多次的揉擦，逐渐将朱鹮的外衣涂抹成灰色。

雪儿老师建议再找一找其他鸟类洗澡的资料，与朱鹮的洗澡做一个比较。果然，一般鸟类的洗澡与朱鹮不同。一般鸟类的洗澡动作不外乎将水珠溅起，水沾到身上，再抖动身体、翅膀，让水均匀地洒遍身体，再用喙理顺自己的羽毛，撩水、抖翅和理羽。而朱鹮有它特殊的动作——揉擦，这一动作并不是在全年的洗澡过程中都有，仅见于2～7月的繁殖季节。揉擦行为在其他鸟类中很少见到，可以说是朱鹮在繁殖季节特有的行为。

我们洗澡是很特别的哟！

观察中还发现，一般在天气好、阳光充足的气候条件下，朱鹮会悠闲自在地洗澡。在温度高空气湿度大，也就是天气闷热的情况下，朱鹮也爱洗澡。在雨天时，朱鹮虽不洗澡，也会出现类似浴后揉擦的行为。

了解了朱鹮洗澡的详尽过程，新的问题又来了：使羽毛染成灰色的物质是从哪儿来的，是什么部位分泌的？李爷爷和雪儿老师非常感叹，同学们的研究意识越来越强了，应该引导他们继续探究下去。

6.3 朱鹮羽色变化的原因

李爷爷介绍，科研人员也有同样的困惑。他们发现，在繁殖初期，朱鹮耳孔下方的颈部羽毛出现灰色斑点。检查这些灰色羽毛，发现下方有灰黑色的颗粒物质，是这些颗粒物质将羽毛逐渐渲染成灰色块斑的吗？

李爷爷想到了冰箱中还存放着一只撞死的朱鹮"永"，当时它正处于繁殖期初期。于是请来兽医，大家一起解剖了这只朱鹮。

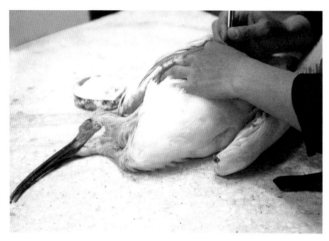

解剖

冬冬和晓煦幸运地与大家投入到解剖朱鹮的工作中。他们先查看了颈部的羽毛，又检查羽毛外部的皮肤，最后解剖开颈部，观察内部皮肤，同时进行了拍照。

从颈部羽毛的外表看，羽毛基部可以见到一些灰黑色的颗粒物质，大家推测朱鹮是在洗澡后通过揉擦将这些颗粒物质弥散，使颈部、背部的羽毛变成灰色。这些灰黑色颗粒应该是颈部皮肤分泌的。

去掉颈部的羽毛，发现上颈背部侧面肉红色的皮肤有一块灰黑色区域，长约3.5～4.5厘米，宽约2.5～3.5厘米，这一定是分泌颗粒物的地方。这些物质到底是皮肤细胞自身分泌的？还是这一区域内的腺体细胞分泌的？

经过有关专家进一步对这一区域进行细胞的镜检观察，发现在这一区域内并没有腺体细胞存在。那么皮肤细胞是怎样分泌颗粒物质的？这些颗粒物质的化学成分又是什么？

一个又一个疑问接踵而来。李爷爷与其他专家、雪儿老师和同学们坐在一起展开了激烈的讨论，认为这是一个需要长期细致研究的问题。

"其他鸟类也有繁殖季节羽色变化的现象，与朱鹮的'婚纱'有哪些不同呢?"冬冬问。

"问题提得非常好,我们一起分析一下。"

大多数的鸟类在繁殖期间身体羽毛或皮肤都会出现一些变化,也就是"穿"上了与平常不一样的鲜艳的"婚装"。如黑头白鹮在繁殖季节肩部羽毛变成暗灰色,颈部出现穗状羽毛;雉类则出现了鲜艳的皮肤突起等等。而朱鹮的婚装变化不同于其他鸟类,有三个特点:

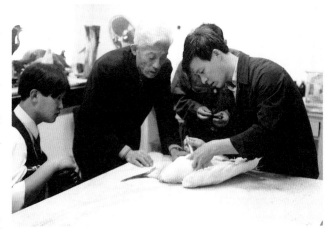

解剖

1 羽毛由最初的白色变成繁殖季节的灰黑色,色差跳跃,变化明显。

2 羽色变化的面积大,从头、颈、翅直到后背都是灰黑色的,大约占去身体的近一半面积,而且同一年龄的朱鹮雄鸟灰颜色要比雌鸟稍深。

3 灰色的羽衣不是通过换羽、羽毛的端部磨损、尾脂腺分泌物着色等原因造成的,而是由颈部产生的黑色颗粒物质通过洗浴后"涂抹"形成的。

我不告诉你们。

解剖

朱鹮灰色羽衣的呈现是性成熟的表现。因为朱鹮灰色羽衣出现在每年的2月或3月，正是朱鹮繁殖期的开始，而且随着繁殖期的结束，6～7月时灰色羽衣也逐渐褪去。因此可以认定，灰色的羽衣是朱鹮的婚羽。

"那么灰色的羽衣还有其他意义吗？"晓煦按捺不住也提出了问题。

"你想想，朱鹮的繁殖期从每年的2月开始，正是繁殖地陕西洋县一片萧条的冬末初春景象。此时，那里植物还没有吐绿，没有树叶的遮蔽，粉白色的朱鹮尤其惹眼……"李爷爷话没说完，两位同学就明白了。

灰色的婚羽很好地起到了保护色的作用，使繁殖期的朱鹮在树冠中孵卵、育雏时难以被天敌发现。

引起朱鹮羽色变化的灰黑色颗粒物质的化学成分是什么？是怎样分泌出来的？这些问题有待深入地研究探索。李爷爷又有了新的课题、新的目标，让同学们也看到了科学研究是无止境的，只要敢于发现，就会有新的征程。

雪儿老师也让同学们找到下一个目标……

7 让朱鹮更多地繁殖

转眼寒冬过去，大地上的迎春花开始吐露出嫩嫩的鹅黄色的花瓣。随着迎春花的绽放，桃花、玉兰花也相继开放，这一切都在告诉我们春天已经来到了。朱鹮繁育中心的成年朱鹮陆续准备好婚装，开始繁育小朱鹮了。

7.1 到野外观察朱鹮的孵化和育雏

当时经费有限，设备很简单，仅有望远镜、照相机、三脚架、长焦镜头、海拔仪、指南针，自备一双球鞋。

——《科学家研究札记》摘抄

野外的朱鹮是怎样繁殖的？雪儿老师准备带领同学们再次入陕，对朱鹮的繁殖过程进行更深入地考察，得到了李爷爷的支持。出发前，同学们没有了初次入陕的兴奋，取而代之的是严肃而认真的态度，全面而周到的准备，就像是要接受一次知识的考验和身体的挑战。

他们一行四人，辗转跋涉，又来到熟悉而又陌生的洋县朱鹮保护站。说它熟悉是因为还是那宁静的青山、高密的树林；说它陌生是因为不长的时间保护站的变化很大，不仅增加了先进的研究设备，而且周围的环境更优美了。

朱鹮的家乡好美呀！

65

第二天，他们准备好简单的行装，由保护站一位叔叔带领进入朱鹮的巢区观察。当看到朱鹮成双成对的雄鸟和雌鸟离开越冬时组成的群体，选择高大的栓皮栎树、白杨树或松树，在粗大的树杈间筑巢、活动时，大家激动不已。

"朱鹮的巢是什么样的？"提到这个问题，同学们的劲头来了，准备探个究竟。

保护站的叔叔带着同学们走了很远，来到一棵有朱鹮巢的大树下，架起了梯子，准备保护着同学们爬上这棵栎树，以便清楚地观察到朱鹮的巢。

冬冬是个男孩子，心想这次我可以大显身手了，便主动请缨，完成这项任务。在得到雪儿老师的许可后，他身手矫健地登上了梯子。开始还在想：爬梯子有何难？但随着逐渐的登高，他的心一阵阵紧缩，向下看看地面的雪儿老师和晓煦，真有些害怕！

"你真棒！"这时的晓煦作为同盟者实施了夸奖战术。冬冬一咬牙："可不能在女孩子面前跌份！"于是继续向上爬。

接近到朱鹮的巢边，往下看时冬冬心中真有些胆怯，他尽量让自己平静，然后煞有介事地描述起巢的样子：

知识链接

鸟类的孵化

鸟类的孵化有的是雌雄轮流进行，如朱鹮，有的是雌性或雄性单独承担孵化工作，如母鸡、鸬鹚。不管哪种孵化方式，都是鸟类自身长期对环境适应的结果。

"朱鹮的巢十分简陋，平平的，中间稍向下凹，像一个浅盘子。巢由树枝架成，里面垫有玉米叶、蕨类、细藤条、草叶及草根等。"

叔叔告诉大家，为了不影响朱鹮的繁育，这次观察的是一个废弃的巢，有时朱鹮会将旧巢略加修整后继续使用。

雪儿老师提醒冬冬测量这个朱鹮的巢，让晓煦记录下测量的数据：外径73厘米，内径53厘米，深8厘米。他们又一起测量了巢的高度：距地面约为10米。冬冬那个感叹："我这可是爬上10米高台了！"叔叔笑着说："这个巢距地面算是近的了，最高能达到20米呢！"

晓煦抬头望着天空，心想，20米高的树，要上去可不容易呀！

朱鹮巢穴

冬冬下到地面。等他心绪平静后，雪儿老师问："还记得我们此行的任务吗？"

"观察野外朱鹮的繁殖呀！"

"附近那个较低的朱鹮巢中已经有朱鹮落户产卵了！叔叔建议我们主要观察那个巢。你们回去设计一下观察方案，明天我们就开始观察。"雪儿老师布置了新的任务。

接下来的一段时间，雪儿老师和同学们全身心地投入到观察任务中。他们每天早晨起得很早，带上足够的干粮和水，从六点多开始观察，一直到下午五六点钟，天黑前才返回营地。他们每天都仔细地观察，认真地记录，生怕落下一个细节。

这样观察了五天，两位同学非常投入，没有一丝怨言，俨然是两位小动物学家了。雪儿老师和李爷爷都非常欣慰。第六天，他们一起对观察记录进行了归纳总结：这窝朱鹮产卵3枚；朱鹮妈妈产下卵后，由雄鸟和雌鸟轮流担任孵化任务；鸟巢中往往只有一只亲鸟，不孵卵的另一只亲鸟不在巢边进行看护，夜间会到其他树上去栖息；亲鸟在孵卵期间经常翻卵、晾卵、理巢等，精心地呵护着未来的宝宝。

● 观察记录	
6:20	在巢中
6:22	叼树枝飞回
6:23	一起往巢中铺垫
……	

朱鹮孵卵

在驻地附近，他们又找到了另一个朱鹮的巢。巢里刚刚孵出了小朱鹮。"朱鹮爸爸妈妈怎么喂养小宝宝呢？"冬冬和晓煦不顾劳顿，在接下来的几天里一直沉醉在观察朱鹮养育新生命的喜悦之中。

来之前，冬冬和晓煦通过查找资料已经知道，朱鹮雏鸟为晚成雏，出生后不能独立生活，必须由双亲育雏，40多天后才能离巢随亲鸟觅食。小朱鹮的亲鸟会将泥鳅、小鱼、青蛙、甲壳类动物以及昆虫吞进食道的夹袋里，制成半流食，再飞回巢边。喂食时，亲鸟把嘴张开，使劲抖动着脖子，使食物尽快地吐出来。最早出壳的雏鸟抢先把喙伸进夹袋里掏食，然后是第二个出壳的雏鸟，然后再是第三只……

朱鹮育幼鸟

"朱鹮妈妈怎么知道小宝宝吃饱了呢？"冬冬疑惑地问道。

"嗯，动物都有自己的表达方式。当小朱鹮吃饱的时候，就会把头低下。这样，爸爸、妈妈就知道它吃饱了。"李爷爷说："我们观察发现，在育雏的前期，亲鸟每天返回鸟巢7~9次。随着雏鸟的迅速生长和对食物需求量的增加，育雏后期则增加到每天14～15次。如果一窝雏鸟的数量较多，比如有4只左右，每次轮到最后一只雏鸟吃食的时候，亲鸟夹袋里的食物就会所剩无几。这样，后面的雏鸟因为没有食物吃，身体会逐渐瘦弱下来，最后被抛弃到巢外。所以，一般情况下，喂养两只雏鸟是最理想的，喂养3只就吃力了。"

朱鹮育幼鸟

喂完食物后，朱鹮妈妈、朱鹮爸爸还要把雏鸟的粪便清理掉。清理方法是叼走巢底污染的树枝，使粪便漏到下面去，或者把沾有粪便的碎铺垫物叼出巢外，再叼来新的巢材和铺垫物补充。这些真实而美妙的瞬间深深地吸引着同学们，使他们越来越感受到科学观察的乐趣和价值。

知识链接

早成雏和晚成雏

早成雏出壳时身体外表已长有密绒羽，眼已张开，在绒羽干后，就随亲鸟找食。如鸡、鸭等的雏鸟为早成雏。

晚成雏出壳时还没充分发育，身体外表没有或只有很少绒羽，眼不能张开，需要由亲鸟衔食喂养。啄木鸟、鸽等的雏鸟为晚成雏。晚成雏完全靠亲鸟衔食饲养的现象叫育雏。

早成雏——绿头鸭

晚成雏——北红尾鸲

几天的户外观察，同学们的活动量很大。他们虽然略显消瘦，但是每个人脸上都是红扑扑的。当听到李爷爷宣布要回去的消息时，两个同学有些失落。

"啊？我们不能在这儿多观察几天吗？"冬冬问。

"看来是得回去啦，我们还要上课呀。"晓煦也很遗憾。

李爷爷望着同学们动情地说："由于人类的影响和大自然环境的改变，朱鹮的取食地日益减少。因此，它们的自我繁殖能力就相对弱一些。它们还时常受到禽流感等方面的影响，如果不加强人工保护，结果就会是毁灭性的。我们了解了朱鹮的野外生活状况，回去还有更重的任务等着我们呢，那就是进行朱鹮的人工繁育，帮助朱鹮尽快提高种群数量呀！"

我们要帮助朱鹮尽快提高种群数量呀！

"回去以后，你们可以在李爷爷的指导下参与朱鹮的人工孵化和育雏的研究。"雪儿老师宣布道。

"真的呀？那我们马上回去吧。"冬冬欢呼起来。

"这会儿你又急着回去了？"晓煦不失时机地嘲笑冬冬。大家也都笑了起来。

7.2 感受小生命的诞生

刚开始孵化研究时，条件异常艰苦，没有孵化器，没有监视镜头，大家想办法用乌鸡代孵的土方法实验，并与朱鹮自己孵化相结合，成功地孵化出世界上第一只人工孵化的朱鹮。

——《科学家研究札记》摘抄

回到北京已经一个星期了。周末，两位同学与雪儿老师按照约定到朱鹮繁育中心参与朱鹮人工孵化的工作。见了面，两个人就叽叽喳喳地讨论起来了。

"我经常看到市场上有卖小鸡、小鸭的。小贩用一个纸盒子往地上一摆，盒子里起码装了二三十只呢！听说都是成批进行人工孵化出来的，去年我还买了两只小鸡呢。"冬冬说道。

"是呀，把朱鹮的蛋放在孵化器中，也能孵出小朱鹮来。"晓煦说道。

"不同鸟的孵化期、孵化温度、孵化中对翻卵次数的要求都不一样。这需要仔细观察和摸索呢。"雪儿老师告诉同学们。

"由于朱鹮濒临灭绝，每年朱鹮能产卵的数量很少。每一枚卵都是极其珍贵的。没有卵的来源，现在还不可能大量孵化呀！"李爷爷感慨地说。

两位同学穿上经过消毒后的白色实验服，怀着激动的心情，随着李爷爷进入人工孵化室。李爷爷介绍说，为了保证朱鹮的繁殖率和成活率，繁育中心有朱鹮专用的孵化设备和育雏设备，专门装配了空调和红外线烤箱、冰柜、冰箱、饲料搅拌机等。

人工翻卵

孵化箱

育雏箱

珍贵的朱鹮卵

李爷爷从电脑温控孵化箱中小心地取出一枚正在孵化的卵，放在一个盘子里让他们观察。

"我们可以摸摸吗？"晓煦问。

"可以。"

第一次触摸珍贵的朱鹮卵，晓煦感觉有点紧张，心咚咚地跳个不停，手心也有点出汗了。她用两只手小心地抚摸着朱鹮卵，兴奋地告诉大家："啊！我都能感觉到它暖暖的体温了。"冬冬也轻轻地伸手碰一碰这枚朱鹮卵。

"好了，你们不是还要进行测量吗？快快行动吧！"雪儿老师适时地提醒同学们要做的事情。

他们小心地用游标卡尺测出卵的大小：长为65毫米，宽为45毫米。用天平测出卵的重量为72克。他俩认真地把结果记录在本上，并从各个角度进行拍照。之后，轻轻地将卵放回孵化箱中。

游标卡尺

电子天平

李爷爷介绍说，刚才看到的那枚卵是动物园里的奇奇和美美生下的。三月初，繁育中心将6只成年朱鹮安排到一间大笼舍内自由恋爱。不久，奇奇就相中了"姑娘"堆里的美美，然后不断展现自己的风度，又用嘴给美美梳理羽毛。就这样它们成为那里的第一对恋人。3月23日，美美产下了第一枚卵；随后的几天里，美美又产下两枚卵。从此它俩忙碌了起来，24小时轮流承担孵化小宝宝的任务。4月14日，为安全考虑，工作人员将第二枚卵取出，用电脑温控孵化箱孵化。这枚卵已经从它妈妈的肚子里产出20多天了。

"那再过几天小朱鹮不就要孵化出来了吗？"晓煦算得挺快。

"是啊！"李爷爷呵呵地笑着，好像猜透了同学们的心思："我已经和技术人员商量好了，这些天你们每天可以来观察小朱鹮的孵化情况，直到孵出朱鹮宝宝。"听到这个消息，晓煦和冬冬高兴得欢呼起来！

李爷爷告诉晓煦和冬冬，按照孵化期计算，还有五天到一周的时间小宝宝就会出世。为了不耽误学习，规定他们每天放学后来到监控室，进行两小时的观察和记录。

为了对朱鹮进行实时监控，4台摄像机从不同角度监测下朱鹮的活动情况，科研人员坐在监控室里的显示器前进行全天候的监控。

4月19日，从显示器上可以看到朱鹮卵不时地会动一动，这是朱鹮宝宝快出壳的迹象。为了能看到那神圣的时刻，冬冬和晓煦怎么也不愿回家，一定要和繁育中心的科研人员一起等待小朱鹮的出世。

4月20日早8时，这枚褐色的卵突然被啄开了一个直径约2毫米的小洞。晓煦首先看到，兴奋得小脸儿都红了，她生怕惊动了正要破壳而出的小朱鹮，拍拍冬冬的肩膀小声说："快看！""真的，我都听到小朱鹮在叫啦！"冬冬通过监听设备听到小朱鹮的微弱叫声。小朱鹮开始转圈啄碎蛋壳。21日凌晨4时，神圣时刻终于来临了。小家伙终于吃力地从啄开的洞里伸出一个翅膀，接着是小脑袋，只见它使着劲儿往外拱。两位同学也攥着拳头，真想帮它使劲儿。全身通红、双眼紧闭的小朱鹮终于破壳而出了。"哇！看它多小啊！"只见朱鹮幼

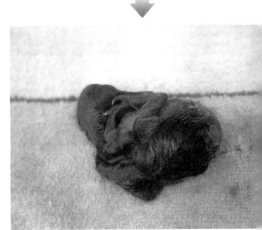

雏的上体被有淡褐色的绒羽，下体被有白色绒羽，脚是橙红色的。两位同学赶紧在本子上作了记录。

李爷爷望着刚出生的小朱鹮，眼中流露出一丝伤感。他向同学们讲起第一次人工孵化出小朱鹮时的情景……

7.3 幸运小生命的不幸

1989年，世界第一只人工饲养下繁殖的小朱鹮问世，曾引起轰动。经过是这样的：这一年春天，朱鹮青青在人工巢中产下两枚卵，与平平轮流孵化，考虑到朱鹮在喧闹的人工环境下可能不适应，怕出意外，就把其中的一枚卵转由乌鸡代孵。朱鹮自己孵的卵到24天的时候，把小朱鹮连同卵壳扔出巢外，令人惋惜，我们立刻检查乌鸡代孵的另一枚朱鹮卵，发现胚雏已经"破壳"，第26天的时候顺利出雏。

文献记载，朱鹮的孵化期为28～30天，可见这是不准确的，说明过去对朱鹮的研究太少。

——《科学家研究札记》摘抄

人工孵化的第一只朱鹮雏鸟

李爷爷拿出一张照片摆在同学们的面前说："看，这就是我国人工孵化的第一只朱鹮雏鸟，也是世界上第一只人工孵化的朱鹮雏鸟，说起来也足够幸运了。但它得到了这份幸运，却经历了另一份不幸，它的生命仅延续了不到一天的时间。当时它还没有自己的名字。"

可怜的小朱鹮！

李爷爷给两位同学讲述了这只既幸运又不幸的小朱鹮出生的故事。

1989年的春天，北京动物园朱鹮繁育中心的一个消息令世人鼓舞：新婚不久的朱鹮夫妇——青青和平平产下了两枚卵。科研人员在欣喜的同时果断地作出一个决定：青青、平平虽然年轻，也要让它们担起做父母的责任。因此工作人员将一枚卵交给它们自己孵化，同时为了防备由于年轻没有孵育经验而带来的后果，工作人员将另一枚卵交给了一只经过选择、有丰富孵育经验的乌鸡进行代孵。

"乌鸡也能孵朱鹮卵吗？"冬冬好奇地问。

"可以呀！当然这要选择已抱窝孵卵的母鸡。"李爷爷告诉冬冬，然后又接着讲述。

每天科研人员都要认真地观察孵化动态，饲养人员也精心调配着孵育鸟的食物，尽量为它们提供一个好的食谱和环境条件。青青和平平可是第一次做准爸爸、准妈妈，它们每天都很欣喜。夫妻俩每隔一段时间便交换一下孵化任务，交换时还不忘高兴地相互安慰和鼓励着；另一个笼舍的母鸡就没有朱鹮夫妇那样潇洒，它孤军奋战，但还是十分

▲ 人工饲养的食疗珍禽——乌鸡

人工饲养的鸡源于鸡形目雉科的原鸡。乌鸡人工饲养的历史已超过2 000年。乌鸡又称乌骨鸡，它们不仅喙、眼、脚是乌黑的，皮肤、肌肉、骨头和大部分内脏也是乌黑的。乌鸡不仅营养价值很高，药用价值也很高。

耐心，尽心尽力地守护着那枚珍贵的朱鹮卵，隔一段时间站起身来翻一下卵、晾一下卵。

文献记载朱鹮的孵化期是28～30天，大家都一丝不苟地工作着，期待着数天后小朱鹮的降生。但是，谁也没有想到的事情发生了。孵到第24天的时候，不知是因为环境不安静，还是朱鹮"夫妇"经验不足，它们居然把胚雏抛出巢外。待科研人员发现时，小朱鹮已出壳，但却死了。大家非常痛心，立即检查乌鸡代孵的那枚朱鹮卵，当大家看到那枚卵还好好的，胚雏已经啄破卵壳时，一颗悬着的心才放了下来。工作人员更不敢怠慢了，24小时轮班守护着。等到第26天，小朱鹮终于顺利孵出来了。科研人员欣喜若狂。

这次孵化证明朱鹮卵的孵化期并非文献记载的28～30天，而是25～26

天。这一天是1989年4月19日，第一只人工饲养下朱鹮的诞生创造了一项新的世界纪录。

小朱鹮成功出壳后，科研人员们马上与上级领导商量：是否立刻向世界公布这一消息呢？他们心中有些顾虑，小朱鹮刚孵化出来还没来得及喂养，万一饲养不成功怎么办？林业部的领导认为应该报道出去，让全世界都知道这个好消息。

消息一经传出，人们争相转告，记者们纷纷赶到繁育中心。记者们忙碌着，选取各种角度拍下这珍贵的瞬间，他们都想要让全世界的人们看到小朱鹮的样子，向全世界宣告保护朱鹮物种取得了重大进展。

从早上小朱鹮出生的一刻起，一直到中午，不间断地接受着闪光灯的照耀。在一旁的科研人员和饲养人员真有些坐不住了，他们怕小朱鹮幼小的身躯经受不住，但又挡不住那些热情的记者，急得饲养人员在一旁偷偷落泪……小朱鹮似乎一脸满不在乎的神情，闭着眼静静地躺在育雏箱里，"平静地"接受人们的"采访"。

下午两点多钟，媒体的记者们满意地散去了。劳累的科研人员马上来到小朱鹮身边，察看它的情形。这时，小朱鹮显得疲惫而衰弱，科研人员马上为它进行了简单的检查，发现它的各项体征指标都在下降。不久这只可爱的、世界第一只人工孵化的小朱鹮离开了我们，只在世不到一天……

我坚信一定能获得成功。

"我们知道人工饲养的动物都会被冠以称呼，这只小朱鹮叫什么名字？"雪儿老师好奇地问。

"为表达我国科研工作者拯救珍稀物种的决心，我们商量用'珍奇东方宝石永放光彩'为朱鹮们排名。第一只自然就取名'珍珍'了，当然这是它去世后的得名。"

"珍珍就这样走了，真是太可惜了！"两位同学无限惋惜地说。

"科学研究总是要碰到许多困难和挫折的。但只要我们不断地总结经验教训，不懈地努力，我们就会成功。"李爷爷及时教育两位同学。

7.4 人工孵化育雏的艰辛

朱鹮雏鸟属晚成雏，需亲鸟喂养，人工育雏还从来没有过。参考喂养其他鹮类雏鸟的资料配制出不同日龄的雏鸟饲料配方，虽然喂养顺利，小雏逐渐长大，但腿出现了问题，站不起来。要知道这是人工繁殖的小朱鹮呀！想办法要让它长大，没想到越大越不好侍候，因为已长翅膀，总想飞，天气又热，人用手抱住才"老实待住"。虽然已长得像成鸟大小，采取各种救治办法，小朱鹮仍站不起来，很是可惜。第二年，在总结经验的基础上，对朱鹮成鸟和幼鸟饲料进行了改善，才突破了朱鹮人工育雏的难关，每年人工育雏的朱鹮都能健康成长。

——《科学家研究札记》摘抄

这只小朱鹮的离世给科研人员带来了不小的伤痛。至今提起这个故事还令人伤感，大家沉闷了许久。

"后来呢？"冬冬很关心当时的情景，着急地询问着。

"化悲痛为动力！"李爷爷坚定地说。当时，李爷爷带领大家一起回顾整个孵化过程，总结出孵化的关键技术，并展望雏鸟出壳后的人工喂养问题。

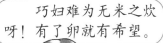

巧妇难为无米之炊呀！有了卵就有希望。

第二年第三年迎来了朱鹮孵化的春天。青青、平平每年都能产下几枚卵，使孵化育雏研究逐渐深入。

"真是令人振奋！"晓煦自豪之情溢于言表。

"科研的过程不仅是成功的喜悦，更多的是艰辛和苦闷！"雪儿老师一本正经地告诉同学们。

"是的，朱鹮的繁育之路真的是太艰难了！"李爷爷非常感慨，眼里噙着一丝泪花。

刚开始孵化研究时，条件异常艰苦。动物园嘈杂的环境没法与陕西宁静的环境相比。好不容易得到两枚卵，却没有孵化器，没有监视器。大家想尽办法，一枚卵用土办法——乌鸡代孵，另一枚让青青、平平自己孵化。研究团队也分成两组，集中精力重点看护。不曾想朱鹮虽然尽心地孵化了，但经验不足，急切地想做父母，却将小雏啄死。

后来随着研究条件的好转，有了孵化器等简单设备，朱鹮的繁育研究转入了新的阶段——机器孵化。当时还处于限电的时期，为保证朱鹮的孵化顺利进行，每当动物园被拉闸限电时，先尽量保证朱鹮繁育中心的用电，实在不行也要提前通知到，以做好充分的准备——手摇发电或发电机发电。

"拉闸限电，条件如此艰苦？"生在今天大城市的同学们恍如隔世。

机器孵化并不是只要机器运转就行，还要根据胚胎发育状况不断地调整温度、湿度。关键技术是出雏——人工协助小雏出壳。帮忙早，会使雏鸟发育较弱，不能顺利成长；帮助晚了，雏鸟就出不来了，造成死亡，因此出雏技术对朱鹮人工孵化的成功率起着决定性的作用。在出壳前近5个小时的时间里，科研人员目不转睛地盯着鸟卵，抓准机会就"出手"，让小朱鹮顺利出壳。

"惊心动魄！"冬冬感慨。

鉴于朱鹮卵的稀缺，为培育朱鹮的孵化本性，曾让朱鹮代孵白鹮卵，驯化它们做父母的经验，再逐渐过渡到让朱鹮孵自己的卵。青青、平平真是好样的，学会了做父母，能够顺利地帮助自己的孩子降生了，在嘈杂的条件下成功地孵化出了自己的孩子。这又是一个世界第一。

孵出雏鸟只是成功的第一步，怎样喂养的难题又摆在了大家面前。朱鹮雏鸟属晚成性，刚出生时，不会吃食，也不会行走，需亲鸟喂养。是全部放手让亲鸟喂养还是人工喂养？当时"青平夫妇"还很年轻，经验不足，科研人员不放心，最后决定人工育雏。

人工育雏没有经验可循，只能找来其他鹮类雏鸟的喂养资料作为参考，精心地配制出不同日龄的雏鸟饲料配方，逐步地摸索规律。喂养还算顺利，小雏一天天地长大，身体还算壮实，但出现了新的问题——小朱鹮站不起来。小朱鹮越大越不好侍候，这小家伙总想扇翅飞翔，飞翔需要借助腿的力量，但它的腿是不管用的。当时北京的天气很

水分、粗蛋白、维生素、铜、铁、钠……

热，任它不断地扇翅会消耗很大的体力，只好专门让饲养员用手抱住它，"强迫"它"老实待住"。后来采取了多种救治办法，这只小朱鹮仍站不起来。

第二年，科研人员归纳整理所有的资料和记录，在总结经验的基础上对朱鹮成鸟和幼鸟的饲料进行了调整和改善——调整矿物质和微量元素的配比，最终突破了朱鹮人工育雏的难关，每年人工育雏的朱鹮都能健康长大。

朱鹮研究的课题被一个个攻破了，科研人员又有了新的目标——恢复迁徙型朱鹮种群。他们希望通过让白鹮代孵朱鹮，让白鹮迁徙时带着自己孵育的朱鹮迁飞，恢复朱鹮的迁徙种群。

这可是个不折不扣的世界难题呀！

7.5 探索用白鹮代替孵化朱鹮

　　鉴于朱鹮卵的稀缺，还要培养朱鹮的孵化本性，曾采用朱鹮代孵白鹮的方法进行研究，后又让朱鹮孵自己的卵，又取得了成功。为恢复迁徙型朱鹮种群，又采用白鹮代孵朱鹮。研究逐渐深入，困难也越来越大。

——《科学家研究札记》摘抄

　　在朱鹮繁育中心，同学们常常能看到一群白色的大鸟。它们有着长长的嘴巴，这让有一定鸟类知识的同学们一眼就能看出这种白色的大鸟一定也是鹮类。但是它们的种名是什么呢？雪儿老师充分肯定了他们的判断，告诉同学们："我国除了朱鹮之外，还有白鹮、彩鹮和黑鹮。这些大鸟叫白鹮，与朱鹮同属鹳形目鹮科。白鹮的数量曾经比朱鹮多，广泛分布于非洲、亚洲和太平洋的一些岛屿上。"

　　"我们去查阅关于白鹮的相关知识吧！"冬冬和晓煦想凭自己的能力搜集白鹮的资料，他们分头扎进图书馆和网络世界。

　　白鹮喜欢成群结队地生活在一起，在委内瑞拉的奥里诺柯河流域，鸟类学家曾发现一个有9 500只白鹮的巨大群体。

　　在南非，白鹮的食谱十分庞杂，它们对动物的尸体很感兴趣。人们经常可以看到硕大的白鹮钻进烟囱里掏吃里边的死鸟尸体。它们是怎样找到尸体的呢？大多数人认为，鸟的尸体在烟囱中

▲ **朱鹮的近亲——白鹮**

　　鹳形目鹮科，也叫黑头白鹮、东方圣鹮、东方鹮、黑头鹮、印度黑颈鹮、东方黑颈鹮。白鹮的身体细长，腿较短，嘴黑色，头颈裸露无羽，覆盖着黑色皮肤。它们的羽毛大部分洁白，但在翅的边缘和端部是黑色的。白鹮的食物一般是蛙类及其他小型水生动物，有时它们也捕食昆虫。

腐烂后会招来很多腐食性昆虫，白鹮就是根据这些飞进飞出的昆虫找到死鸟的尸体。白鹮的这种取食习性，实际上起到了为人类清除烟道的作用。因此，白鹮在南非有"烟道清理工"的绰号。

在埃及，人们认为白鹮能消除瘟疫、驱逐魔鬼，于是把白鹮当作圣鸟，虔诚地供奉在神祇和庙宇中。考古学家曾在埃及的古城孟菲斯和底比斯的遗址中挖掘出很多用亚麻布包裹的白鹮木乃伊。

同学们用心做足了功课，雪儿老师鼓励他们继续做好以后的研究工作。

"为什么朱鹮繁育中心要饲养这些白鹮呢？"一天晓煦问李爷爷。

李爷爷故作神秘地说："这可是我们的秘密武器呀！"

"秘密武器？看来我问到了一个关键性的问题！"晓煦不无炫耀地说。

"你们在俱乐部学到了许多鸟类知识，知道一种叫白腰文鸟的小鸟吗？"冬冬和晓煦顿了顿，想起雪儿老师讲的鸟类趣闻，曾经说过一种帮助家庭观赏鸟孵化的保姆鸟——白腰文鸟。

"明白了，白鹮是用来代替朱鹮孵育的！"两位聪明的同学一起想到了问题的答案。

李爷爷肯定了他们的分析。朱鹮从陕西到北京生活，环境的变化多少会对它的繁育有影响。为了提高孵化率和成活率，从2001年开始，朱鹮繁育中心尝试着用白鹮为朱鹮代孵代育，因为白鹮与朱鹮都是鹮类。有一年或

▲ 保姆鸟——白腰文鸟

　　一些长期人工饲养繁育的观赏小鸟，本能有些退化，自己产了卵并不孵化。而白腰文鸟的抱窝性很强，人们大多用白腰文鸟代替它们孵化和育雏，因而白腰文鸟有"保姆鸟"之称。

许是因为朱鹮双亲太年轻，或许是因为情绪不太好，一对朱鹮产了卵却拒绝孵化，并且不住地用嘴啄卵，科研人员将这枚珍贵的卵放进了正在孵化的白鹮巢中。

"白鹮妈妈不会发现吗？"冬冬问。

"先让白鹮孵化鸭卵，白鹮适应并没有异常反应了，再将一枚准备好的朱鹮卵放进去。"李爷爷道出了换卵的窍门。

白鹮卵　　　　　　　　朱鹮卵　　　　　　　　鸭卵

　　春末，北京一个风和日丽的好天，小朱鹮在白鹮妈妈的精心孵化下出世了。孵化这一关总算是过去了。然而，更艰难的是育雏。怎样才能保证白鹮不遗弃小朱鹮呢？科研人员非常担心。或许是白鹮的母性使然，白鹮轻易地接受了小朱鹮，开始尽心地喂养它、照顾它。

　　两种鹮类育雏期有一些差别，白鹮要比朱鹮短5天时间。白鹮能多喂养小朱鹮5天吗？科研人员们猜想，兴许育雏期到了，听到嗷嗷待哺的叫声，妈妈还会继续喂养小朱鹮。然而，科研人员猜错了，白鹮妈妈有着严格的生物钟，育雏期一过就拒绝继续喂养朱鹮幼雏。它用喙驱赶小鸟，大概是在表示你该独立了。这对于小朱鹮来说是残忍的，它还没有能力自己取食，只好转为人工喂养。

　　怎样解决这个问题呢？聪明的科研人员煞费苦心，终于想到了一个绝妙的办法，将朱鹮的人工孵化期与白鹮的孵化期调整为相差5天，也就是使小朱鹮提前5天出壳，先用人工饲养的方法饲养小朱鹮5天，再把5日龄的小朱鹮放入刚孵出小白鹮的白鹮妈妈巢中。

白鹮代育朱鹮第一日

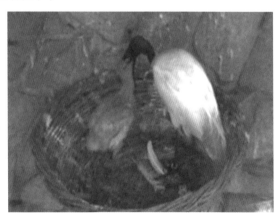

白鹮代育朱鹮第二十日

"白鹮妈妈不感到意外吗?"

"当然,白鹮妈妈看到多了一个孩子并不习惯,我们就只好拿出一只白鹮,这就叫换雏。"李爷爷兴奋之情溢于言表。

"换雏?太有意思了。"

"这里有这么多的玄机呀!白鹮对此举没有异议吗?"

"这就是人们不能准确解释的现象,或许是白鹮母性的表现,或许是人类的弄假成真,总之自然界这种现象是存在的。"

"比如杜鹃从不孵卵和育雏,它的后代照样在地球上延续着。"雪儿老师补充道。

▲ 最无情无义的鸟——大杜鹃

鹃形目,杜鹃科。大杜鹃体形大小与鸽子相仿,鸣叫时,似乎在说"布谷布谷""快快布谷",所以俗称布谷鸟。它们自己不会做巢,把卵产在其他鸟类(如苇莺、灰喜鹊等)的巢内,让其他鸟类喂养自己的后代。大杜鹃敢吃许多鸟类不敢啄食的毛虫,如松尺蠖、松毛虫等。

7.6 观察朱鹮雏鸟的生长

按计划,雏鸟孵出后,就要着手进行雏鸟生长的观察了。这一天,李爷爷对同学们说:"你们已经了解到了不少有关朱鹮的知识了,从今天开始你们就来负责对这只小朱鹮做生长记录。从雏鸟出生到40日龄,每5天定时观察测量一次。记录之前,要明确需要记录的内容,主要包括日龄、体重(g)、体长(mm)、尾长(mm)、翅长(mm)、嘴峰长(mm)、跗蹠长(mm)、中趾长(mm)。这些记录结果可是将来做研究分析的重要依据,你们一定要认真仔细,不能出一点差错。"

> 认真地观察和测量是研究朱鹮的重要方法。

冬冬和晓煦一听他们能不间断地接近小朱鹮,并能为研究团队完成些具体工作,高兴得挺着小胸脯说:"保证完成任务!"回答的声音中似乎带有些担心。雪儿老师看出了他们的顾虑,拍拍他们的肩膀鼓励道:"没问题,什么工作都怕认真,只要仔细、如实地记录就行了。我相信你们一定能做好的。有什么问题咱们一起研究解决。"

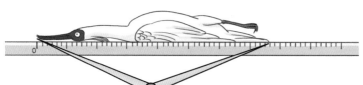

体长:自嘴端至尾端的长度。

嘴峰长:自嘴基生羽处至上嘴先端的直线距离。

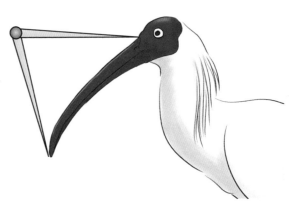

翅长:自翼角(即腕关节)至最长飞羽先端的直线距离。

尾长：自尾羽基部最长尾羽的尖端的直线距离。

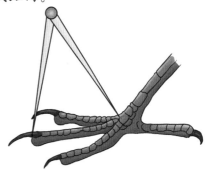

跗蹠长：自跗中关节的中点，至跗跖与中趾关节前面最下方的整片鳞下缘的直线距离。

中趾长：跗蹠关节到中趾端的直线距离。

那天他们可学到了不少的知识，收获可大呢！李爷爷指导他们学习了鸟类身体各部分的名称，测量鸟体各部分形态的正确方法，最后认真设计和制作了朱鹮雏鸟生长记录表格。还准备好了测量工具，有：游标卡尺、精确到0.1 g的电子秤、记录本、笔，等等。

在接下来的日子里，冬冬和晓煦按照雪儿老师的要求，抱着严谨的科学态度，认真观察着小朱鹮的细微变化，一丝不苟地记录下每一个有价值的细节和数据。

冬冬和晓煦认真记录了每天观察到的朱鹮幼雏的生长变化。

晓煦呢，又可以发挥自己的绘画优势了，画了不同日龄小朱鹮可爱的样子。

我画的不好，希望大家多多指教。

出壳：显得笨拙，眼睛微微睁开，身披灰褐色绒羽。

五日龄：稍大，能在巢中转动，喂食时叫声响亮。

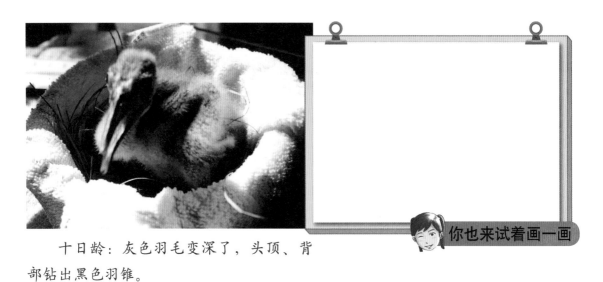

十日龄：灰色羽毛变深了，头顶、背部钻出黑色羽锥。

你也来试着画一画

十五日龄：脐带脱落，能倚着巢边站
立起来。

二十日龄：卵齿脱落，嘴尖稍有弯
曲，能理羽。

你也来试着画一画

二十五日龄：能站立了，尾巴长出羽
芽，接近幼鸟。

　　三十日龄：脸部浅黄色，嘴端橘红色，学会扇翅。

　　三十五日龄：大部分羽毛变成正羽，常练习飞翔。

　　四十日龄：已成为幼鸟，与亲鸟像，能短距离飞翔。

朱鹮雏鸟生长记录表

日龄	体重 (g)	体长 (mm)	尾长 (mm)	翅长 (mm)	嘴峰 (mm)	跗蹠 (mm)	中趾 (mm)
1	58.4	129.0		21	19.2	19.0	15.8
5	55.5	143.0		23.8	21.4	22.8	18.0
10	102.6	182.0		33.6	30.8	26.4	25.8
15	173.3	244.0		46.0	39.8	34.8	39.2
20	261.0	292.0	5.0	75.0	49.0	43.0	51.0
25	407.0	342.0	10.0	116.0	59.4	53.0	58.0
30	656.0	382.0	24.0	166.0	71.2	67.0	68.2
35	888.0	430.0	38.0	212.0	83.8	74.0	75.8
40	1075.0	498.0	58.0	268.0	97.6	79.0	82.0

这是我们的数据记录表。

为了更加直观地看出朱鹮雏鸟的生长趋势，根据表格上的数据，冬冬和晓煦利用Excel表格画出考察指标的柱状图。

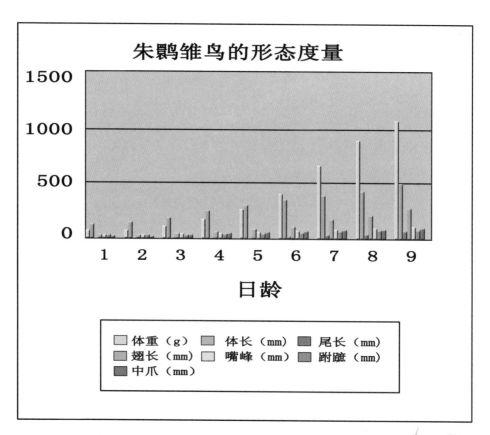

看到小朱鹮一天天长大，他们真高兴，真是越来越喜欢这些小家伙了。经过对观察结果的认真分析，他们认为雏鸟在0～9日龄阶段生长缓慢，9～17日龄生长迅速，之后生长速度有所下降。

他们做的研究是不是很专业呀？你是不是也很想和他们一起去看看可爱的小朱鹮呢？

8 探索朱鹮的保护措施

朱鹮的繁殖地区环境幽美，每个巢区周围都有山地、溪流和稻田。溪水清澈见底，鱼虾在水中自在地游来游去，螃蟹悠闲地在石头上爬来爬去，清晰可见。当地人从不吃这些"美食"，供养了濒临灭绝的朱鹮。

记得刚从树上掏下朱鹮幼鸟时，没有鱼喂给它，就向老乡借了根缝衣针，拴上线去钓鱼。鱼很容易就上钩了，还能清晰地看见鱼咬钩。

当地居民对水十分珍惜，除吃、喝用水外，从不到河里洗涮物品和洗澡。

朱鹮被当地人尊为"吉祥鸟"。据说是因为朱鹮喜欢在人家附近和老坟地的树上搭窝。实际上，朱鹮喜欢栖息营巢的高大栓皮栎树由于被逐年砍伐而仅在人家附近和有钱人家坟地里保留下来，朱鹮只能在这些地方搭窝筑巢。森林砍伐对朱鹮的数量应该是有一定影响的。

——《科学家研究札记》摘抄

栖息地水源

8.1 朴实的民俗挽救了朱鹮

巢区环境

对朱鹮的考察研究告一段落了，同学们的心中却一直有着疑问，朱鹮曾经广泛分布在我国各地，14个省份都有分布记录，可是到现今为什么仅会在陕西洋县还有幸存呢？

这些问题驱使冬冬和晓煦要探个究竟，他们决定先去查找各种资料，希望能够得到确切的答案。但是资料中都是对朱鹮濒临灭绝的解释，如栖息地遭到破坏；人类对森林过度砍伐；乱捕滥猎野生动物；朱鹮种群生存力脆弱，等等。

他们去请教李爷爷。李爷爷解答了他们的困惑——是当地的民俗挽救了朱鹮。

当年朱鹮的巢区姚家沟和三岔河都位于洋县的边远山区。从洋县县城乘汽车到镇上要行驶一个多小时，下公路后再步行2~3个小时的山路才能到达朱鹮巢区附近的村庄。这些山路都是羊肠小道，步行极其困难，若赶上雨雪天气就更难走了。

朱鹮巢区的居民很少，不过几户或十几户人家，周围没有大型工业生产企

巢区的栓皮栎

朱鹮觅食区一瞥

业，也没有任何污染，是一个寂静的小山村。当地村民的生活大多是自给自足，很少到镇上去，更不用说去洋县县城了。

朱鹮时常在有高大栓皮栎树的坟地营巢，或者在人家屋顶的大树上繁殖，总是与人类友好地相伴而行。村民们十分崇敬朱鹮，说它们是披着白里透红羽衣的"美女鸟""吉祥鸟"，能看到朱鹮就预示着一天的顺利、舒心。因此，当地村民们从不驱赶、猎杀朱鹮。就这样，当地的村民为朱鹮提供了一个天然的庇护所。

"一个物种在某地的居留最关键的问题就是食物。食物的丰盛与否决定朱鹮在洋县的去留。"李爷爷说。

朱鹮巢区有高大的乔木、灌木，并且野草丛生，还有溪流、稻田、玉米地。更可喜的是当地居民根本就不吃鱼、虾、田螺、泥鳅、蝗虫等这些朱鹮喜食的食物。试想在那物质极度匮乏的年代，如果朱鹮巢区的食物为人类所争食，它们一定会到城区附近的河流、湖泊觅食，暴露在"大庭广众"之下。这样，恐怕洋县的朱鹮也会"销声匿迹"了！

幸亏有这么好的民俗呀！

 知识链接

我国有多少物种濒危

你可能很少听说过这些已经灭绝的鸟类名称，如，白背啄木鸟、大海雀、冠麻鸭、渡渡鸟，等等。下图是一些已灭绝或即将灭绝的鸟类。

还有很多脆弱的生命等待我们的关注和保护：先是长江科学考察时不见了白鳍豚的踪影；继而新华社每日电讯报道长江中华鲟处境危急；接着中国绿色时报又报道世界独有的"活化石"——孑遗动物新疆北鲵（俗称娃娃鱼）数量逐年锐减，已由最初发现的8 000尾降至目前的2 000尾左右。据统计，目前中国有近200个特有物种消失，近两成动植物处在濒危的境地。

8.2 朱鹮的就地保护

冬冬和晓昫一同见证了野外及动物园中朱鹮的美丽身影，这让两位同学的心中有了一致的信念：只有大家共同保护，美丽的朱鹮才能在地球上继续生存下去，并且生活得越来越好！假想一下，倘若没有发现那7只宝贵的生命，朱鹮的命运可能就与已经灭绝的物种一样了。

如何保护朱鹮呢？通过查找资料，两位同学了解到保护生物多样性的三种主要途径：就地保护、易地保护和再引入。

就地保护 是在该物种的自然栖息地内开展保护工作，拯救和恢复其野生种群，这是保护濒危物种最重要、最有效的方式。在朱鹮的保护进程中，保护野生种群及其栖息地尤为重要。

易地保护 将濒危物种的部分个体转移到人工条件比较优越的地方，设立人工饲养基地。通过人工饲养繁殖的方式保存并建立一定规模的、健康的人工种群，如北京动物园的朱鹮繁育中心。

再引入 将人工饲养繁殖的个体重新引入该物种的分布区，建立起野生种群，使物种得到恢复。

朱鹮家园

自我国1981年重新发现朱鹮野生种群后，国家对此非常重视，采取了一系列成效显著的就地保护措施。例如：

繁殖期监护 对每个朱鹮巢进行昼夜看护，禁止当地农民和家畜靠近巢区；在巢树下架设救护网，防止坠落雏鸟伤亡；驱赶蛇类、鼬科动物和猛禽等天敌；在巢树树干中下部包裹塑料布、铁皮和刀片防止蛇类上树危害卵雏。

人工投食 每年繁殖期向朱鹮巢区的水田里投放泥鳅，为朱鹮补充食物，保证配对朱鹮正常产卵，提高繁殖成功率。

环志、巡护和种群监测 为了掌握朱鹮的活动规律和种群动态，及时发现抢救伤病朱鹮，朱鹮保护区的工作人员常年对野生朱鹮进行跟踪观察和保护，监测朱鹮的活动范围、觅食地和夜宿地。

野生个体的救护 为了保证野生朱鹮伤病个体得到及时诊断和救治，陕西朱鹮保护站联合当地医院和兽医院组建了朱鹮医疗救护小组。23年中，该小组共抢救治疗伤病朱鹮57只。自1990年朱鹮救护饲养中心成立以来，共救护野外伤病个体25只。

冬水田改造 鼓励当地农民保留冬水田，一年只耕种一季水稻，翻耕蓄水；保证每年11月至次年5月农田水深达到10~15 cm，为朱鹮提供理想的冬季觅食地。

林木保护 为保护好朱鹮营巢地和夜宿地，朱鹮保护区对当地林木采取了严格的保护措施，征购重要营巢树并挂牌编号，严禁砍伐；聘请当地农民对朱鹮主要夜宿地的树木严加保护。

环境监测 朱鹮栖息地的环境质量与野生朱鹮种群的命运息息相关，研究人员随时监测朱鹮巢区、游荡区和觅食地土壤或地表水中的农药、砷和氨氮含量，避免野外朱鹮的食物中有较高的农药残留。

为了保护朱鹮这种珍稀的鸟类，需要付出这么多心血和努力呀！

8.3 朱鹮的易地保护

朱鹮在陕西汉中的洋县被重新发现是一个巨大的奇迹。但它们最后的家园——秦岭气候条件也十分恶劣。就在发现朱鹮的第二年春天，秦岭突降大雪，朱鹮的状况岌岌可危。恶劣的处境冲淡了重新发现它们的喜悦，它们的命运令人揪心。

在繁殖期遇到大雪，朱鹮宝宝的数量可能会减少啊！

对于濒危物种或不稳定的野生种群来说，就地保护难度极大，而且很难保证一定能够成功。及时开展易地保护，可以延缓该物种灭绝的进程，或者保存住这一物种的人工种群。因此，1981年重新发现朱鹮野生种群后，我国科学家就确定了就地保护和易地保护同时开展的拯救方案。

对于朱鹮易地保护的情况，李爷爷是再了解不过了。因为华华就是由他负责的，从那时开始，我国建立了第一个朱鹮人工种群，李爷爷也开始与朱鹮打交道，一直到今天。

目前，全国现有四处朱鹮繁育基地，它们是北京动物园、陕西省珍稀野生动物抢救饲养研究中心（周至县楼观台）、洋县朱鹮自然保护区管理局、河南董寨国家级自然保护区。这四个基地共繁育朱鹮500多只，其中陕西省珍稀野生动物抢救饲养研究中心的朱鹮数量最多，是世界上最大的朱鹮人工饲养繁殖种群基地。而位于洋县的朱鹮野生种群数量也增长到500多只。这样，朱鹮总数已达到1 000多只，基本摆脱了物种灭绝的危险。

我国还帮助日本建立了朱鹮人工种群。1998年和2000年，先后将3只朱鹮赠送给日本，并专门派出技术人员，传授朱鹮的人工繁殖技术。截止到2005年6月底，日本朱鹮人工种群数量为80只。濒危的朱鹮在中日两国建立起稳定的人工种群，成为世界濒危物种保护和国际合作的一个成功典范。

骄人的数据深深地感动着冬冬和晓煦，不禁为祖国有像李爷爷这样的鸟类学家感到骄傲和自豪。

8.4 从遗传多样性看朱鹮的保护

知识链接

遗传多样性

遗传多样性，广义的讲是指地球上所有生物所携带的遗传信息的总和；狭义地说是指种内的遗传多样性，即种内个体之间或一个种群内不同个体的遗传变异的总和。高度的遗传多样性是维持物种长期生存的基础，这是因为由单一纯合个体组成的群体不能有效地适应环境不断变化的压力。

一天，冬冬和晓煦到繁育中心请李爷爷审查他们的研究报告。晓煦忽然感慨地说："科学家已经对朱鹮采取了这么多的保护措施！我们还能为朱鹮做些什么呢？"冬冬也使劲地点点头："我们也想为保护朱鹮尽一点儿力。"

李爷爷告诉他们："你们已经对朱鹮做了比较细致的研究，你们的各项记录数据也会作为原始记录被应用到以后的科学研究中去！"

"我们的观察数据也能用到科学家的科学研究中？太好了！"两位同学不由得相互击掌。

"不要小看调查报告的作用，里面提出的合理化建议同样有可能被采用！"雪儿老师鼓励同学们。

李爷爷看着同学们，若有所思地说："由于朱鹮种群的遗传背景狭窄，近几年来它们的发病率也在增高，这为朱鹮的保护提出了严峻的考验。为了更好地保护这个珍惜的物种资源，我们需要更多地关注朱鹮遗传多样性的研究。"

原来，保护野生动物，首先要对它们的受威胁程度进行评估，了解它们是否已摆脱受威胁的状况，这些问题的解答必须建立在遗传多样性的基础上。

"遗传多样性？有什么意义呢？"同学们很是好奇。

雪儿老师说："物种的遗传多样性是这个物种长期进化的产物，也是物种生存和发展进化的前提。一个物种遗传多样性越高，对环境变化的适应能力就越强，越容易扩展分布范围和开拓新的环境。"

"对！"李爷爷回答说，"对朱鹮来说，由于现在的群体是由当初发现的7只个体发展而来的，遗传多样性是很低的，种群必然是脆弱的。频繁的近亲繁殖导致朱鹮后代的生活力和生殖潜力下降。要真正科学、合理地保护朱鹮，就应该对朱鹮的遗传多样性进行分析。"李爷爷接着说："利用分子生物学技术比较分析物种的DNA序列，可以帮助理清种群间关系、种群动态和进化历史。在分子水平上分析朱鹮的DNA序列就可以了解朱鹮的遗传多样性，指导人们采取更科学合理的保护途径和手段。"

听了李爷爷的介绍，两个同学似懂非懂地点着头，似乎看到了他们长大后的责任……

知识链接

分子生物学手段的出现

近年来，随着分子生物学技术的发展，出现了许多新方法，使得人们在DNA的水平上认识生物的遗传多样性成为可能。这些方法也成为生物资源保护研究中的重要手段，可以克服传统生态学难以克服的困难，解决了常规统计调查方法解决不了的基因流、亲缘关系鉴定、遗传物质的图谱关系等问题。分子标记的应用有助于清楚地了解种群间关系、种群动态和进化历史，从而为物种保护和种群控制提供更精确的科学依据。

PCR仪

低温离心机

8.5 种群保护研究的设想
——恢复迁徙型朱鹮种群

朱鹮还有留鸟和候鸟之分呀！

"朱鹮的保护研究还有很多工作要做呢！"李爷爷真心期望同学们能够在将来接他的班，继续从事朱鹮的保护研究。他向同学们介绍了他在朱鹮保护方面的设想：恢复迁徙型朱鹮种群。

据资料记载，历史上朱鹮从迁徙习性上分有留居型和迁徙型两种类型，它们在形态上差别不大。留居型的朱鹮属于留鸟，分布在甘肃、陕西、安徽、浙江等地区，它们不迁徙，常年居住在自己的生活领地。秦岭地区的朱鹮就属于这一类。迁徙型的朱鹮属于候鸟，在黑龙江、辽宁、吉林等地繁殖，到广东、福建、台湾等地越冬。与大多数候鸟一样，它们每年的春天和秋天都要飞行几千千米。它们的分布、迁徙习性与白鹮大体相同。遗憾的是迁徙型的朱鹮现在已经绝迹。

知识链接

候鸟和留鸟

候鸟：在春秋两季沿着比较稳定的路线，在繁殖区和越冬区之间进行迁徙的鸟。如家燕。

留鸟：终年栖息在同一地区，不进行远距离迁徙的鸟。如喜鹊。

家燕

喜鹊

目前我国对留居型朱鹮的保护研究做得比较深入。人工朱鹮种群的数量让世界可喜，这也为再引入的保护方法提供了可能，并且开始实施。但是，是单纯地将朱鹮放归自然，让它们自己寻找食物、慢慢适应自然，形成野生留居型朱鹮种群，还是也考虑逐渐恢复朱鹮的迁徙行为，发展迁徙型朱鹮种群呢？李爷爷他们大胆地提出了恢复迁徙型朱鹮种群的设想。

"大雁的迁徙要有头雁领路，朱鹮的迁徙由谁来领路呢？"李爷爷问同学们。

雪儿老师和同学们一样一脸的茫然。

"是否考虑利用白鹮？因为两种鸟的迁徙习性相似。代孵、代育小朱鹮，为朱鹮领航，经过训练的白鹮有可能胜任这项艰巨的任务。"李爷爷畅想着美好的未来……

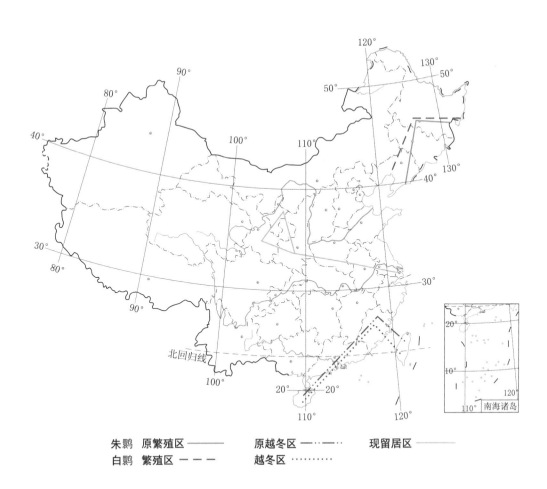

| 朱鹮 | 原繁殖区 ——— | 原越冬区 —·—·— | 现留居区 ———— |
| 白鹮 | 繁殖区 – – – | 越冬区 ·········· | |

"但是，"李爷爷话锋一转，遗憾地说："由于我国大部分地区的人口越来越多，人类对环境的破坏和污染使得生态环境发生了巨大的变化。白鹮适应不了这种环境的变化，数量也在逐渐减少，在东北等地几乎看不到白鹮的身影。"

"人类真应该好好审视自己了。保护家园的自然化，同样也是一笔财富。"雪儿老师叹息着。冬冬和晓煦相信，在我国对鹮类的保护日益深入和有效的时候，将会出现这样一幅美丽的画面：白鹮在前面飞翔，后面跟着朱鹮，尽情地在天空中展翅高飞……

8.6 朱鹮在日本

知识链接

调查报告

是一种信息的整合，可以通过观察像朱鹮一样的珍稀动植物或者本地有特色的动植物，记录它的数量、活动或生长范围、生存状况、周围环境等生态因素；分析它们正常生长或濒临灭绝的原因；了解政府的保护措施；提出自己的建设性意见。

冬冬和晓煦的朱鹮研究工作快要结束了，晓煦非常想了解日本的朱鹮研究情况，便向雪儿老师提出了自己的想法。雪儿老师鼓励他们分头进行调查，总结出调查报告。

冬冬为了赶在晓煦前面，抓紧时间查阅了大量的资料，然后，积极要求雪儿老师开一个汇报会。没想到晓煦也很努力，早早地做好了各项准备，同意一起开汇报会。汇报会上，冬冬先开始了介绍。

8.6.1 冬冬的汇报题目：日本对本土最后朱鹮的保护措施

朱鹮被日本皇室称为圣鸟、国宝。从朱鹮的拉丁学名"*Nipponia Nippon*"——直译为"日本的日本"，足可见朱鹮对于这个国家的重要意义。

1934年，朱鹮被日本指定为"天然纪念物"，1952年更指定为"特别天然纪念物"。当时日本仅存32只朱鹮，到1974年减少至10只。随着人们对朱鹮栖息地的大面积破坏，日本的朱鹮濒临绝灭的困境。日本政府为拯救这一物种作出了巨大的努力，但收效甚微。2003年随着老龄朱鹮"金"的死去，日本本土的朱鹮绝迹了。

"日本政府不是采取措施了吗？" 晓煦提出质疑。

"听我慢慢道来。"冬冬胸有成竹地接着汇报。

原来，鉴于当时朱鹮数量呈急速下降的趋势，1967年，日本在新泻县佐渡岛建立了日本朱鹮保护中心，人工饲养朱鹮，当时日本还有野生的朱鹮。

日本佐渡岛朱鹮保护中心

1968年，雌性的朱鹮幼鸟阿金被捕捉到中心，阿金与其他3只朱鹮一起成了日本人工繁殖朱鹮的希望。然而野性未脱的朱鹮并不适应现代化的精心饲养，除了阿金，其他3只陆续死去。为了使日本原产朱鹮能再度繁衍，保护中心的研究人员殚精竭虑，做了各种尝试，但都以失败告终。

日本佐渡岛朱鹮保护中心

更为不幸的是，1978年，保护中心从野生朱鹮巢中采来3枚卵，希望借助人工孵化的方法帮助朱鹮繁衍。让研究人员失望的是，这些卵都是未受精的卵，根本不能孵化出小朱鹮。这表明日本的野生朱鹮已基本丧失了自然生育能力。

1981年，日本环境厅决定将全国余下的5只野生朱鹮全部捕获，放在保护中心饲养。由于饲养方法不够到位，经过4年的饲养，到1985年，数量没有增加反而减少，仅剩下3只。这3只朱鹮的平均年龄超过12岁，为两雌一雄：一只雌鸟叫阿青，身患风湿病，脚已经病变损坏；另一只雌鸟是阿金，它跟雄鸟阿绿曾配成一对。虽然阿绿身体健壮，每年都跟阿金交配，但是阿金就是不产卵。研究人员分析，可能是由于阿金的年龄有些偏大，已经不能承担起繁殖的重任。

"后来，阿金和阿绿与中国朱鹮的国际婚姻，大家已经知道了，我就不介绍了。晓煦，我问你，你知道日本采取怎样的措施保存阿金这一国宝级的圣鸟吗？"冬冬问晓煦。

"将阿金制作成标本，供人们纪念。"

冬冬摇摇头。

"那一定是冷冻，保存好阿金的各种组织和器官。"

"这个回答有些靠谱。"

冬冬又接着汇报。日本环境省决定建立濒危野生生物细胞基因冷冻保存设施，为今后克隆灭

知识链接

剥制标本的制作方法

剥制标本是剥取动物的外皮，进行防腐处理，再用铅丝装架，用填充物填充制成的标本。过程包括剥皮、剔肉、防腐处理、制作假体、填充缝合、整姿等步骤。目前比较盛行，是适于在家庭摆放的艺术品，寄托饲养者对宠物的喜爱与怀念。

世界上第一只人工饲养繁育的朱鹮标本

绝生物物种做准备。人们将阿金的皮肤、肝脏和生殖细胞保存在 −196℃ 的液氮中，其活性可维持50～100年。

冬冬的汇报结束了，晓煦问冬冬："你可能还不知道朱鹮在我国外交上也发挥了重要作用吧？"

冬冬摸摸后脑勺。"我还真不知道。是不是和大熊猫一样，在外交关系上起着重要的作用？哈，这是你要汇报的内容吧？"

李爷爷夸赞同学们的聪明智慧和清晰思路："是啊，我国曾通过大熊猫与一些国家建立起很好的外交关系，朱鹮也在我国的外交活动中扮演着重要的角色，特别是对我们的邻国日本。"

8.6.2 晓煦汇报的题目：朱鹮外交——中日友好的使者

由于朱鹮在日本皇室和民众心目中有着独特而尊崇的地位，它们作为友好使者在促进两国的交流与合作中发挥着积极的作用。

在日本朱鹮保护陷入困境之时，我国在陕西洋县重新发现朱鹮。接着，我国人工饲养繁殖朱鹮又喜获成功，促成了日本与中国保护朱鹮的合作。

第一次：1985年～1989年，日本从北京动物园借得雄性朱鹮华华与阿金结为夫妻，但因阿金年事已高，未能产卵。

第二次：1990年～1993年，日本把唯一的雄性朱鹮阿绿送到北京动物园和窈窈配对。然而窈窈产下的两枚卵均未受精，看来阿绿也进入了高龄期。

第三次：1994年，日本又从中国洋县借来龙龙。不幸的是，三个月后，龙龙因撞伤而客死东瀛。继而洋县又将凤凤援助给日本，同阿绿配对，凤凤产下的四枚卵也都是无精卵。同年5月，日本很无奈地将龙龙的遗体和凤凤送回中国。几次跨国的朱鹮婚配均以失败告终，世界鸟类学家对朱鹮两个种群之间的遗传交流计划破灭，不同血统的杂交期望化为泡影。

第四次：1998年，我国国家主席江泽民到日本访问，送给日本一对朱鹮——友友和洋洋，它们均来自陕西朱鹮救护饲养中心。经过日本专家的尽心呵护和喂养，1999年，它们繁殖出第一只雄性后代，起名为优优。

第五次：为了让朱鹮在日本形成种群，2000年10月，访问日本的朱镕基总理又将雌性朱鹮美美"借"给了日本。

2003年由于禽流感的肆虐，中日朱鹮交换活动中断。

2007年11月15日，日本环境省宣布重新启动中日朱鹮交换活动。中国于18日向日本赠送两只朱鹮，日本则在20日把13只朱鹮送往中国。

"13只朱鹮，日本怎么舍得将这么多朱鹮送给我国呢？"冬冬很奇怪。

"这里边还有段故事呢！"晓煦接着介绍。

2000年，朱镕基总理带到日本的朱鹮是借的。中日双方约定：美美生下的幼鸟由日中两国平分，所生的奇数（第一、三、五）幼鸟返还中国，用于调剂北京动物园朱鹮种群血缘，优化其遗传结构。2007年，根据当时中日两国签署的合作繁殖协议，美美在日本孵育的孩子有13只归属我国。由于北京动物园饲养场地的限制，经国家林业局批准，美美的后代被转移到河南董寨国家级自然保护区安家。

如今，来自中国的朱鹮不负众望，繁衍出具有几十名成员的日本朱鹮大家族。

在回家的路上，李爷爷望着车窗外快速闪过的风景对冬冬和晓煦说："希望朱鹮在亚洲拥有越来越广阔的天空。"

冬冬和晓煦托着下巴，望着车窗外，他们仿佛看见了天空中闪过一群群美丽的朱鹮……

⑨ 朱鹮繁育中心寄语
——拯救濒危鸟类义不容辞

亲爱的小朋友们，你们好！

鸟类是自然界生态系统的重要组成部分，自古是人类的朋友，在人类社会发展的历史长河中有着人人皆知的功绩。但是随着人类社会的快速发展，人们不管不顾地破坏大自然，乱捕滥猎野生动物，使许多鸟类濒临灭绝。有"东方宝石"之称的朱鹮，历史上曾分布于中国、日本、朝鲜半岛和俄罗斯，在我国14个省份都有记录，但到1981年重新发现时仅存7只，可以说，到了灭绝的边缘。由于我国采取了就地保护和异地保护措施，朱鹮种群已达到1 000多只，为世界瞩目。

我们在朱鹮易地保护研究中，曾到陕西洋县考察，领略了

朱鹮研究小组主要研究人员：李福来、刘斌、史森明

在那青山绿水间"红宝石"朱鹮翱翔的美景，真是令人心旷神怡。那青青的山、碧蓝的天，以及朱鹮桃红色的羽衣、飞翔的美姿，让我们一辈子都难以忘怀。随着朱鹮数量的增加、种群的扩散，看到这一美景的人会越来越多。

善待生灵，善待环境，善待我们祖祖辈辈生存的地球，这是我们保护自然，拯救濒危野生动物应该做的呀！

亲爱的小朋友们，你们喜爱动物就从喜爱身边的小鸡、小鸭和小猫、小狗开始吧，逐渐扩展到喜爱自然界的野生动物。你们不妨常到自然界去观察鸟类的美妙身姿、魅力歌喉。若有机会研究它们的生活习性，与人们的密切关系，你会深深体会到保护大自然、保护野生动物的重要意义。

亲爱的小朋友们，在社会高度发展的今天，人类越来越体会到生存环境的重要。自然界并不是取之不尽用之不竭的，人类需要不断地呵护它、补给它。你们是世界的未来，希望你们能热爱大自然，保护自然界生态系统的各个成员，为国家、世界的可持续发展作出贡献！

朱鹮繁育中心　李福来